Sunil Kumar Mahla
Dr. B.S. Chauhan
Er. Geetesh Goga

Estudos CFD de transferência de calor em dissipadores de calor

Sunil Kumar Mahla
Dr. B.S. Chauhan
Er. Geetesh Goga

Estudos CFD de transferência de calor em dissipadores de calor

Estudos experimentais e CFD do fluxo de ar e das caraterísticas de transferência de calor de um dissipador de calor

ScienciaScripts

Imprint
Any brand names and product names mentioned in this book are subject to trademark, brand or patent protection and are trademarks or registered trademarks of their respective holders. The use of brand names, product names, common names, trade names, product descriptions etc. even without a particular marking in this work is in no way to be construed to mean that such names may be regarded as unrestricted in respect of trademark and brand protection legislation and could thus be used by anyone.

Cover image: www.ingimage.com

This book is a translation from the original published under ISBN 978-620-2-31040-6.

Publisher:
Sciencia Scripts
is a trademark of
Dodo Books Indian Ocean Ltd. and OmniScriptum S.R.L publishing group

120 High Road, East Finchley, London, N2 9ED, United Kingdom
Str. Armeneasca 28/1, office 1, Chisinau MD-2012, Republic of Moldova, Europe
Printed at: see last page
ISBN: 978-620-8-33823-7

Conteúdo

CAPÍTULO 1

INTRODUÇÃO

Os dissipadores de calor são amplamente utilizados para manter a temperatura dos dispositivos semicondutores em sistemas electrónicos. Os dissipadores de calor são montados diretamente nas caixas que encerram os dispositivos semicondutores para proporcionar uma área de superfície adicional para a transferência de calor do dispositivo para o fluido de arrefecimento, que é normalmente o ar. Os dissipadores de calor utilizam uma variedade de disposições de alhetas para fornecer a área de superfície extra para a transferência de calor. A presença de alhetas estreitamente espaçadas também cria uma resistência extra ao fluxo cruzado através do dissipador de calor. As inovações diárias e os avanços tecnológicos dão origem à produção de cada vez mais dispositivos electrónicos. A sua aplicação pode ser vista na nossa vida quotidiana. A vontade de gastar uma quantia razoável em tais aparelhos está diretamente relacionada com o desempenho do dispositivo. E o desempenho, por sua vez, é uma função direta da temperatura. Por isso, é indispensável manter os aparelhos electrónicos a níveis de temperatura aceitáveis. A procura crescente de elevado desempenho e de múltiplas funcionalidades nos sistemas e dispositivos electrónicos continua a ser o grande desafio atual na sua gestão térmica. Sob a condição de multifuncionalidade, alta velocidade de relógio, redução do tamanho da embalagem e maior dissipação de energia, o fluxo de calor por unidade de área aumentou maticamente nos últimos anos. Além disso, a temperatura de funcionamento dos componentes electrónicos pode exceder o nível de temperatura desejado. Assim, a remoção eficaz das dissipações de calor e a manutenção de uma temperatura de funcionamento segura têm desempenhado um papel importante na garantia de um funcionamento fiável dos componentes electrónicos. A temperatura a que a junção funciona afecta de forma crítica a fiabilidade dos componentes electrónicos. À medida que a potência e a velocidade de funcionamento aumentam e que os projectistas são forçados a reduzir as dimensões gerais do sistema, os problemas de extração de calor e de controlo da temperatura podem tornar-se cruciais. O aumento contínuo das densidades de potência nos pacotes electrónicos e o esforço simultâneo para reduzir o tamanho e o peso dos produtos electrónicos levaram a uma maior importância das questões de gestão térmica nesta indústria. Os dissipadores de calor com alhetas são dispositivos normalmente utilizados para melhorar a transferência de calor em componentes electrónicos. A escolha de um dissipador de calor ótimo depende de uma série de parâmetros geométricos, como a altura, o comprimento e a espessura das alhetas, o número de alhetas, a espessura da placa de base, o espaço entre alhetas, a forma ou o perfil das alhetas, o material, etc. Dado um conjunto de restrições de projeto, é necessário determinar o desempenho máximo possível de um dissipador de calor dentro dessas restrições. A otimização dos parâmetros acima referidos para obter uma baixa resistência térmica e uma baixa queda de pressão é muito difícil. Para selecionar os parâmetros geométricos óptimos de um dissipador de calor para uma determinada aplicação, o projetista necessita de mais ferramentas de projeto para prever o desempenho do dissipador de calor. Por conseguinte, neste trabalho de investigação, para selecionar um design ótimo de dissipador de calor, foram realizados estudos preliminares sobre o escoamento do fluido e as caraterísticas de transferência de calor de um dissipador de calor de placas paralelas através de modelação e simulações CFD. Os parâmetros geométricos considerados neste estudo são a altura da aleta, a espessura da aleta, a altura da base e o passo da aleta. Será também efectuada a validação experimental dos resultados da simulação. Os dissipadores de calor com alhetas são os mais utilizados como solução térmica para garantir a fiabilidade dos dispositivos electrónicos com uma dissipação de potência e uma densidade de circuitos cada vez maiores. Entre os vários tipos de dissipadores de calor, os dissipadores de calor de alhetas e de placas são amplamente utilizados devido às suas próprias vantagens. O dissipador de calor de aleta de placa tem as vantagens de uma pequena queda de pressão, de uma conceção simples e de um fabrico fácil. Por outro lado, o dissipador de calor com alhetas tem as vantagens de uma elevada taxa de transferência de calor devido às regiões de redesenvolvimento e um desempenho térmico uniforme, independentemente da direção do fluxo de fluido. Recentemente, verificou-se que o tipo de dissipador de calor eficaz entre os dissipadores de calor de aleta de placa e de aleta de pino pode ser determinado em função da potência de bombagem e do comprimento do dissipador de calor. Para além das actividades de investigação acima referidas, houve uma nova tentativa de combinar as vantagens dos dissipadores de calor com alhetas de placa e com alhetas de pino. Normalmente, estes tipos de dissipadores de calor têm vários cortes, denominados cortes transversais no presente estudo, perpendiculares à direção do fluxo de fluido.

A queda de pressão no dissipador de calor é uma das principais variáveis que regem o desempenho térmico do dissipador de calor num ambiente de convecção forçada. Existem vários métodos analíticos para estimar a queda de pressão no dissipador de calor; no entanto, é difícil selecionar corretamente um método que possa representar a realidade numa gama de caudais de ar que se encontram em aplicações típicas de arrefecimento de componentes electrónicos. No melhoramento do arrefecimento da indústria eletrónica atual, o dissipador de calor é amplamente utilizado para proporcionar uma função de arrefecimento aos componentes electrónicos. Devido ao aumento da densidade dos circuitos e da dissipação de energia das pastilhas de circuitos integrados, os níveis de fluxo de calor no interior dessas pastilhas aumentaram. A acumulação de uma grande quantidade de fluxo de calor pode criar quantidades consideráveis de stress térmico nas pastilhas, no substrato e na sua embalagem. Por conseguinte, é necessário utilizar um módulo dissipador de calor eficaz para manter a temperatura de funcionamento dos componentes electrónicos a um nível satisfatório. A conceção de um dissipador de calor adequado e eficaz afectará de forma crítica a fiabilidade e o tempo de vida útil do funcionamento das pastilhas. Entre as várias técnicas de arrefecimento de pastilhas e/ou módulos electrónicos, o arrefecimento por convecção forçada com ar apresenta as vantagens da comodidade e do baixo custo. O método mais comum de arrefecimento de dispositivos electrónicos é através de dissipadores de calor com alhetas de alumínio. Estes dissipadores proporcionam uma grande área de superfície para a dissipação de calor e reduzem efetivamente a resistência térmica. Para conceber um dissipador de calor eficaz, devem ser considerados alguns critérios, como uma grande taxa de transferência de calor, uma baixa queda de pressão, um fabrico mais fácil, uma estrutura mais simples, um custo razoável, etc. Infelizmente, os dissipadores de calor ocupam frequentemente muito espaço e contribuem para o peso e o custo do produto. Consequentemente, a necessidade de um novo design e de formas mais eficazes de dissipar esta energia está a tornar-se cada vez mais urgente. Devido às exigências do mercado, a otimização da conceção de novos dispositivos electrónicos é frequentemente considerada proibitiva.

1.1 PERMUTADOR DE CALOR DE PLACAS E ALHETAS

Figura 1 Dissipador de calor de aletas de placa

Os permutadores de calor de placas de alumínio soldadas são normalmente utilizados em aplicações industriais criogénicas e de baixa temperatura. Estas aplicações incluem a separação de ar, o processamento de petróleo liquefeito e gás natural liquefeito, o fabrico de hidrogénio e hélio, etc.

Algumas das caraterísticas únicas dos permutadores de calor de placas e alhetas, que os tornam adequados para estas aplicações, incluem

- Capacidade de trabalhar eficazmente a temperaturas muito baixas devido à sua construção à base de alumínio
- Capacidade de múltiplos fluxos, o que significa que o conceito de integração de processos pode ser utilizado em toda a sua extensão para poupar energia, capital e custos operacionais

Estas caraterísticas únicas dos permutadores de calor de placas com alhetas são aqui discutidas em pormenor no contexto da construção, dos detalhes de configuração e das aplicações. Seguem-se as caraterísticas de transferência de calor do escoamento bifásico das passagens de placas.

1.2 PORMENORES DE CONSTRUÇÃO

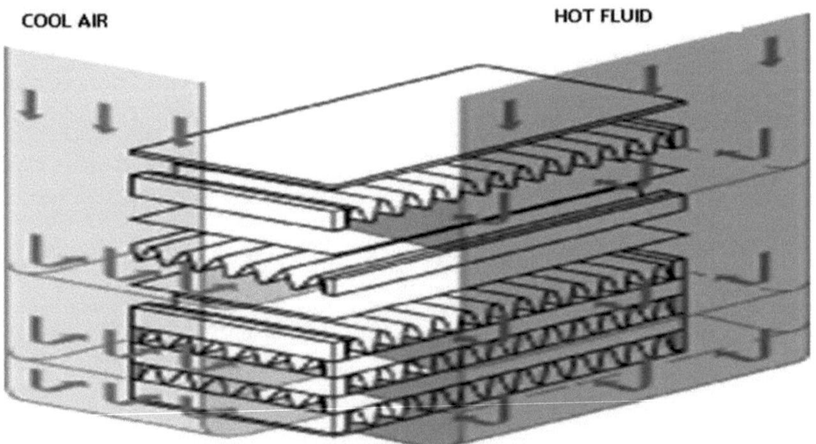

Figura 2. Permutador de calor de aletas de placa

A Figura 2 ilustra um permutador típico de alumínio soldado que lida com múltiplos fluxos. É constituído por um bloco de camadas alternadas de alhetas onduladas. Placas, conhecidas como chapas de separação, e seladas ao longo das bordas por meio de barras laterais, separam as camadas umas das outras. Na maior parte dos permutadores de placas e alhetas, a região principal de transferência de calor do bloco do permutador consiste em alhetas dispostas paralelamente ao eixo do bloco, de modo a permitir uma verdadeira troca de calor em contra-corrente entre os fluxos. Em ambas as extremidades da região principal de transferência de calor, existem almofadas de alhetas colocadas geralmente num ângulo, conhecidas como distribuidores, como ilustrado na Figura 2. Estes distribuem o fluxo proveniente dos cabeçalhos e bocais para as passagens principais de transferência de calor, ou recolhem o fluxo proveniente das passagens, dirigindo-o para os cabeçalhos e bocais. Os bocais são soldados aos cabeçalhos, que por sua vez são soldados às placas exteriores do bloco, conhecidas como chapas de cobertura. Os permutadores de placas e alhetas podem ter até 1,4 m de largura, 1,4 m de profundidade (a altura da pilha) e 8 m de comprimento. São mais frequentemente utilizados em aplicações de baixa temperatura, onde proporcionam a vantagem de uma capacidade multi-fluxo, assegurando que todos os fluxos frios produzidos num processo são utilizados para arrefecer os fluxos quentes de entrada. Os permutadores de calor de placas e alhetas são normalmente dispositivos de contrafluxo puro na maior parte do comprimento do permutador. No interior do núcleo da placa de alhetas, cada fluxo flui num certo número de camadas, cada uma das quais é dividida num certo número de subcanais paralelos, através da alheta. As alturas das alhetas situam-se normalmente entre 5 e 9 mm, enquanto as frequências das alhetas na região principal de transferência de calor se situam normalmente na gama de 590 a 787 alhetas/m.

- Figura 2 Diâmetros hidráulicos do sub-canal de permuta de calor entre placas e alhetas são, portanto, de alguns milímetros no máximo. Diferentes fluxos podem utilizar diferentes tipos de aletas e estas podem ter diferentes alturas de aletas.
- Quatro geometrias básicas de alhetas, ilustradas na Figura 2, são utilizadas nos permutadores de placas e alhetas. Todos os fabricantes fabricam alhetas lisas, perfuradas e serrilhadas (tira de compensação). Alguns fabricam alhetas onduladas; outros preferem alhetas serrilhadas

com um comprimento de serrilha longo. A presença de perfurações proporciona uma pequena melhoria em relação às alhetas simples para o desempenho monofásico. As alhetas perfuradas são frequentemente utilizadas para a ebulição; as perfurações são vistas como proporcionando uma facilidade para a equalização dos fluxos entre os subcanais, militando contra o bloqueio local ou as flutuações de pressão decorrentes do processo de mudança de fase da ebulição. As alhetas serrilhadas proporcionam um aumento significativo da transferência de calor e da queda de pressão em relação aos valores das alhetas simples.

- Com base nestes parâmetros, o resultado final do projeto são as dimensões gerais do permutador de calor, que estão relacionadas com o número de passagens de alhetas (ou seja, camadas) para cada fluxo, a sua largura e comprimento. A disposição das camadas, conhecida como padrão de camadas, a localização de entrada e saída de cada fluxo, juntamente com a localização e dimensionamento dos distribuidores, cabeçalhos e bocais.

1.3 APLICAÇÕES DOS DISSIPADORES DE CALOR DE ALHETAS DE PLACA

Nesta secção são discutidas várias aplicações dos permutadores de calor de placas e alhetas na indústria de transformação.

Separação de ar

Esta é talvez a maior utilização individual dos permutadores de calor de placas, em que o ar é liquefeito e separado em azoto e oxigénio através de destilação a temperaturas criogénicas. Em instalações maiores, o ar é também separado em componentes adicionais, como o néon, o árgon, o crípton e o xénon. As gamas típicas de pressão e temperatura a que os permutadores de calor de placas são utilizados na indústria de separação de ar são de 1 a 60 bar e de -2000 a 650C, respetivamente.

Processamento de hidrocarbonetos leves

A Figura 3 mostra como um permutador de calor de placas e alhetas constitui um componente-chave no processo global.

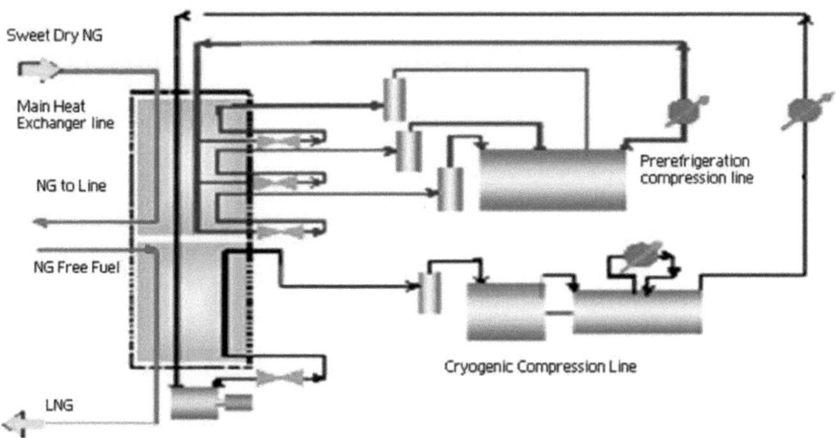

Figura 3 Permutador de calor de placas com 6 fluxos na metade superior e 3 fluxos na metade inferior

metade inferior num novo processo de GNL

O gás natural que entra à temperatura ambiente é arrefecido e condensado pelos fluxos mistos de refrigerante, contendo etano e propano, na parte superior do permutador de calor de placas e alhetas. Estas correntes de refrigerante também condensam a outra corrente de refrigerante de temperatura criogénica contendo azoto, metano, etano e propano. O gás natural parcialmente condensado é alimentado a uma coluna de fracionamento para remover os hidrocarbonetos mais pesados, sendo depois devolvido à parte inferior do permutador de calor de placas e alhetas como um gás rico em metano. Aqui é arrefecido e condensado pelo refrigerante criogénico até cerca de -1620C, de modo a que o GNL possa ser armazenado e transportado à pressão atmosférica em tanques criogénicos isolados. O refrigerante criogénico, ao sair do permutador de calor de placas, passa por uma turbina líquida para reduzir a sua pressão e regressa ao permutador onde entra em ebulição, proporcionando o arrefecimento necessário na parte inferior do permutador.

1.4 PERMUTADOR DE CALOR DE ALHETAS

Os dissipadores de calor com alhetas de pinos forjados são constituídos por uma base e um conjunto de pinos incorporados. O seu tamanho varia entre uma pegada de 0,25"2 e uma pegada de 2,5"2 e uma altura total de 0,15" a 1,7". Os dissipadores de calor com alhetas de pinos forjados estão disponíveis em variações de cobre e alumínio e numa grande variedade de configurações de pinos diferentes que são adequadas para diferentes ambientes de fluxo de ar. Os potentes desempenhos térmicos gerados pelos dissipadores de calor com alhetas são o resultado de uma estrutura física eficiente e da utilização de materiais altamente condutores.

A natureza termicamente eficiente da estrutura de aletas de pinos é um produto de uma configuração omnidirecional, da forma redonda dos pinos e de uma grande área de superfície por volume determinado. A configuração omnidirecional foi concebida para maximizar a entrada de ar no conjunto de pinos e a forma redonda dos pinos reduz a resistência aos fluxos de ar que entram. Ao mesmo tempo, a forma redonda dos pinos induz um aumento da turbulência do ar no interior do conjunto de pinos. Como resultado, a área de superfície do dissipador de calor acaba por ser exposta a volumes de ar comparativamente elevados.

A eficiência de qualquer conceção de dissipador de calor pode ser substancialmente melhorada através da utilização de materiais altamente condutores. Os dissipadores de calor de alhetas fabricados com tecnologia de forjamento são compostos por cobre isento de oxigénio e alumínio puro altamente condutores e, por conseguinte, oferecem um prémio de arrefecimento adicional.

Figura 4 Dissipador de calor com aleta de pino

- Os dissipadores de calor com alhetas são considerados dos mais potentes modelos de dissipadores de calor atualmente disponíveis.
- Os dissipadores de calor de alhetas proporcionam valores de resistência térmica muito baixos por espaço dado e baixa queda de pressão.
- As capacidades de arrefecimento das aletas de pinos resultam da geometria redonda dos pinos, da configuração de pinos omnidireccionais e da utilização de materiais altamente condutores.
- Os pinos redondos lisos reduzem a resistência aos fluxos de ar que entram e melhoram o ar turbulência entre os pinos.
- A estrutura omnidirecional maximiza a entrada de ar fresco no conjunto de pinos e, ao mesmo tempo, permite que o ar quente saia do conjunto de pinos em todas as direcções possíveis.
- A utilização de materiais altamente condutores reduz ainda mais a resistência térmica dos dissipadores de calor.
- A Cool Innovations melhorou ainda mais o desempenho dos dissipadores de calor com alhetas através da introdução dos designs de alhetas com abertura e com rebordo.
- A sua estrutura única permite-lhes oferecer valores de resistência térmica mais baixos e menor queda de pressão por espaço dado

Design com abas

- Os dissipadores de calor com alhetas alargadas oferecem uma alternativa revolucionária para o arrefecimento por convecção natural

- A aleta de pino alargada produz mais potência de arrefecimento na convecção natural do que a maioria dos designs de dissipadores de calor disponíveis

- O prémio de refrigeração resulta de uma caraterística estrutural única que possuem: uma combinação de uma área de superfície substancial e uma área de pinos escassamente configurada

- Como resultado do grande espaçamento entre os pinos, as alhetas de pinos alargados apresentam uma fricção muito baixa entre o ar e a área de superfície e, como resultado, o efeito chaminé é acelerado

- O atrito é ainda mais reduzido devido à configuração naturalmente esparsa dos pinos e à natureza redonda dos pinos

- Os dissipadores de calor com alhetas de pinos alargados são ideais para LEDs HB e outras aplicações que funcionam por convecção natural

- Os dissipadores de calor com alhetas de pinos alargados variam entre uma pegada de 1,0" x 1,0" e uma pegada de 5,0" x 5,0" e entre uma altura de 0,7" e uma altura de 2,0"

1.5 APLICAÇÕES DOS DISSIPADORES DE CALOR COM ALHETAS

Pinos de fixação para aplicações incorporadas

As aplicações incorporadas apresentam numerosas restrições e limitações nos processos de seleção de soluções de gestão térmica. De uma forma semelhante a outras aplicações tecnicamente avançadas, as aplicações incorporadas requerem tipicamente dissipadores de calor altamente eficientes que proporcionem baixas resistências térmicas por determinado volume.

No entanto, devido ao valor excecionalmente elevado dos bens imóveis nas placas integradas, a maioria das aplicações integradas apresenta restrições adicionais ao engenheiro de projeto, com a necessidade de dissipadores de calor de baixo perfil e fisicamente pequenos. Uma limitação adicional altamente restritiva que é comum a uma vasta gama de aplicações incorporadas é a necessidade de funcionar eficientemente em ambientes com pouco fluxo de ar.

Dissipadores de calor com alhetas de cobre

As alhetas de cobre proporcionam excelentes soluções de arrefecimento para cenários em que as cargas de calor são substanciais e o espaço disponível para arrefecimento é limitado. Através da utilização de alhetas de cobre, é possível obter um prémio de desempenho (em termos de resistência térmica) de 15 a 30 por cento em relação a dissipadores de calor de alumínio com estrutura idêntica.

As capacidades de arrefecimento melhoradas dos dissipadores de calor de cobre resultam da natureza altamente condutora do cobre. A título de exemplo, o cobre isento de oxigénio, utilizado para forjar os dissipadores de calor com alhetas, proporciona um prémio de condutividade de cem por cento em relação ao alumínio puro. O prémio de condutividade pode então ser traduzido para um diferencial de resistência térmica de quinze por cento (Figura 1).

Um atributo adicional altamente valioso das alhetas de cobre, que deriva da natureza altamente condutora do cobre, é a sua capacidade de espalhar o calor rapidamente ao longo das suas bases. A rápida propagação do calor é extremamente valiosa quando se trata de arrefecer dispositivos que contêm fontes de calor pequenas e concentradas. Nesses cenários, a utilização de cobre permite a eliminação de pontos quentes que estão frequentemente presentes quando são utilizados dissipadores de calor de alumínio.

Aplicações com restrições de espaço

As aplicações incorporadas estão muitas vezes sujeitas a restrições rigorosas de espaço. De um ponto de vista vertical, a distância entre placas é frequentemente imposta ao projetista de placas incorporadas por várias normas industriais. Do ponto de vista horizontal, a área disponível para efeitos de arrefecimento tem vindo a diminuir rapidamente devido ao aumento contínuo do valor do espaço na placa incorporada.

Assim, para proporcionar um arrefecimento adequado a dispositivos que são simultaneamente "limitados" e "quentes", os projectistas devem não só selecionar dissipadores de calor eficientes, mas também esforçar-se por utilizar de forma produtiva o espaço máximo disponível para arrefecimento. Os dissipadores de calor com alhetas forjadas oferecem aos projectistas uma combinação de ambos: eficiência térmica (por determinado espaço) e um elevado grau de personalização.

Os dissipadores de calor de aletas de pinos forjados podem ser facilmente personalizados para satisfazer quaisquer requisitos específicos da aplicação. Os parâmetros variáveis incluem a pegada, o comprimento do pino, a espessura da base, o diâmetro do pino e a densidade do pino. O exemplo seguinte ilustra o grau de otimização das aletas de pinos, verticalmente, em circunstâncias extremas.

A maioria das aplicações incorporadas fornece entre 0,25" e 0,5" de espaço vertical para fins de arrefecimento. Para acomodar isso, um dissipador de calor com aletas de pinos pode ser personalizado para qualquer altura dentro dessa faixa simplesmente cortando os pinos no comprimento desejado. No entanto, em certos cenários em que o espaço disponível para fins de arrefecimento é substancialmente menor, o simples corte dos pinos pode não deixar área de superfície suficiente. Nessas situações, tanto a espessura da base como o comprimento dos pinos podem ser alterados para obter o resultado pretendido.

1.6 APLICAÇÕES DOS DISSIPADORES DE CALOR

Na maioria das aplicações práticas, os dissipadores de calor são montados em placas de circuito de modo a que haja folgas significativas à sua volta. Devido à maior resistência ao fluxo através do dissipador de calor, o fluido de arrefecimento tende a contornar o dissipador de calor e a fluir através das folgas à sua volta. Uma vez que o aumento de temperatura através do dissipador de calor e o coeficiente de transferência de calor (especialmente para fluxo transitório ou turbulento) dependem da velocidade do fluxo através do dissipador de calor, o desvio do fluxo afecta negativamente o desempenho de transferência de calor do dissipador de calor. Note-se que as áreas livres em torno de um dissipador de calor são específicas de cada sistema eletrónico a ser concebido. Por conseguinte, é necessária uma análise precisa do efeito da derivação específica do sistema para obter o melhor desempenho de transferência de calor por queda de pressão do sistema que utiliza os dissipadores de calor

1.6.1 Arrefecimento do processador/microprocessador

A dissipação de calor é um subproduto inevitável de todos os dispositivos e circuitos electrónicos, exceto os de micro potência. Em geral, a temperatura do dispositivo ou componente dependerá da resistência térmica do componente ao ambiente e do calor dissipado pelo componente. Para garantir que a temperatura do componente não sobreaqueça, um engenheiro térmico procura encontrar um caminho eficiente de transferência de calor do dispositivo para o ambiente. O caminho de transferência de calor pode ser do componente para uma placa de circuito impresso (PCB), para um dissipador de calor, para o fluxo de ar fornecido por um ventilador, mas em todos os casos, eventualmente para o ambiente.

Dois factores de conceção adicionais também influenciam o desempenho térmico/mecânico da conceção térmica:

- O método pelo qual o dissipador de calor é montado num componente ou processador. Isto será discutido na secção métodos de fixação.

- Para cada interface entre dois objectos em contacto um com o outro, haverá uma queda de temperatura através da interface. Para esses sistemas compostos, a queda de temperatura através da interface pode ser apreciável. Esta mudança de temperatura pode ser atribuída ao que é conhecido como resistência térmica de contacto. Os materiais de interface térmica (TIM) diminuem a resistência térmica de contacto.

1.6.2 Métodos de fixação para microprocessadores e circuitos integrados similares

À medida que a dissipação de energia dos componentes aumenta e o tamanho da embalagem dos componentes diminui, os engenheiros térmicos têm de inovar para garantir que os componentes não sobreaquecem. Os dispositivos que funcionam mais frios duram mais tempo. O design de um dissipador de calor deve satisfazer plenamente tanto os seus requisitos térmicos como mecânicos. No que diz respeito a estes últimos, o componente deve permanecer em contacto térmico com o seu dissipador de calor, mesmo com choques e vibrações razoáveis. O dissipador de calor pode ser a folha de cobre de uma placa de circuitos, ou então um dissipador de calor separado montado no componente ou na placa de circuitos. Os métodos de fixação incluem fita condutora de calor ou epóxi; clipes em forma de fio, clipes de mola plana, espaçadores de afastamento e pinos de pressão com extremidades que se expandem após a instalação.

1.6.3 Fita termicamente condutora

A fita condutora de calor é um dos materiais de fixação de dissipadores de calor mais económicos. É adequada para dissipadores de calor de baixa massa e para componentes com baixa dissipação de energia. É constituída por um material de suporte termicamente condutor com um adesivo sensível à pressão em cada lado. Esta fita é aplicada na base do dissipador de calor, que é depois fixado ao componente. Seguem-se os factores que influenciam o desempenho da fita térmica:

- As superfícies do componente e do dissipador de calor devem estar limpas, sem resíduos como, por exemplo, uma película de massa de silicone.
- A pressão de pré-carga é essencial para garantir um bom contacto. Uma pressão insuficiente resulta em áreas de não contacto com ar retido e resulta numa resistência térmica da interface superior à esperada.

CAPÍTULO 2
PESQUISA BIBLIOGRÁFICA

Dong-Kwon Kim et al. [1] realizaram uma investigação sobre a comparação dos desempenhos térmicos de dissipadores de calor com alhetas e com pinos sujeitos a um escoamento de impacto. Neste artigo, os autores compararam os desempenhos térmicos de dissipadores de calor com alhetas e com pinos sujeitos a um escoamento de impacto. Foram efectuadas investigações experimentais para várias taxas de fluxo e larguras de canal. A partir dos dados experimentais, os autores sugeriram um modelo baseado no método de cálculo da média volumétrica para prever a perda de carga e a resistência térmica. Utilizando o modelo proposto, foram comparadas as resistências térmicas dos dissipadores de calor optimizados de aleta de placa e de aleta de pino sob condições fixas de potência de bombagem. Foi demonstrado que os dissipadores de calor optimizados com alhetas possuem resistências térmicas mais baixas do que os dissipadores de calor optimizados com alhetas de placa quando a potência de bombagem adimensional é pequena e o comprimento adimensional dos dissipadores de calor é grande. Pelo contrário, os dissipadores de calor optimizados com alhetas têm resistências térmicas menores quando a potência de bombagem é grande e o comprimento dos dissipadores é pequeno.

Yoav-Peles et al. [2], na sua investigação sobre "Forced convective heat transfer across a pin fin micro heat sink", investigaram os fenómenos de transferência de calor e de queda de pressão num banco de micro-alhetas. Foi derivada, discutida e validada experimentalmente uma expressão simplificada para a resistência térmica total. Foram discutidos os parâmetros geométricos e termo-hidráulicos que afectam a resistência térmica total. Uma das principais conclusões retiradas da observação é que é possível dissipar fluxos de calor muito elevados com um baixo aumento da temperatura da parede utilizando um dissipador de calor de alhetas de pinos à escala micro. O desempenho termo-hidráulico do fluxo através de um conjunto de alhetas cilíndricas à escala micro é superior ao arrefecimento baseado em micro canais simples. As correlações da transferência de calor e da queda de pressão não estão atualmente suficientemente desenvolvidas, mas os resultados sugerem fortemente que os dissipadores de calor com alhetas de pinos merecem uma atenção adequada da investigação. Além disso, as configurações de aletas de pinos proporcionam uma flexibilidade de conceção consideravelmente maior na seleção geométrica das formas dos pinos e do seu espaçamento.

Arularasan R et al. [3] realizaram uma investigação sobre a análise CFD de um dissipador de calor para arrefecimento de dispositivos electrónicos. No seu trabalho de investigação, foi efectuada uma conceção óptima do dissipador de calor num dissipador de calor de placas paralelas, tendo em conta os parâmetros geométricos como a altura das alhetas, a espessura das alhetas, a altura da base e o passo das alhetas com um comprimento e uma largura constantes de um dissipador de calor, utilizando o estudo de dinâmica de fluidos computacional. A simulação é efectuada com o software comercial fornecido pela Fluent Inc. Foram efectuados estudos experimentais com um dissipador de calor de placas paralelas para validar o modelo do dissipador de calor. Os resultados obtidos nos estudos experimentais foram comparados com os resultados da simulação e revelaram-se concordantes.

R.Mohanand et al. [4]Realizaram uma investigação sobre a análise térmica da CPU com espessura variável da placa de base do dissipador de calor utilizando CFD. Neste trabalho, foram investigados os desempenhos de arrefecimento da CPU de um chassis de computador com dissipadores de calor rectangulares, com alhetas de espessura variável e dissipadores de calor compostos de carbono, e os resultados foram comparados. Os resultados da diferença de temperatura do dissipador de calor foram comparados com um resultado experimental para encontrar as melhores concepções de dissipadores de calor. O número de alhetas, os perfis das alhetas, a espessura das alhetas e a espessura da placa de base foram investigados para aumentar a taxa de dissipação de calor da CPU, tendo sido obtidas algumas melhorias térmicas, bem como a redução do espaço e a poupança de material. É possível melhorar os projectos de dissipadores de calor com a utilização de CFD. Eventualmente, é possível chegar a um novo design de dissipador de calor, que tem melhor desempenho térmico e utiliza menos material. A influência da resolução da malha, a escolha do modelo de turbulência, os critérios de convergência e os esquemas de discretização foram investigados para encontrar o melhor modelo com o menor custo computacional. No presente estudo, observa-se que o empilhamento de demasiadas alhetas não é uma solução para diminuir os pontos quentes no dissipador de calor, uma vez que podem impedir a passagem do ar proveniente da ventoinha para as partes centrais mais quentes do dissipador de calor. Foi demonstrado que é possível melhorar os projectos de dissipadores de calor com a ajuda do CFD. Neste trabalho, são selecionadas e analisadas diferentes espessuras de dissipadores de calor com placas de base. A partir daí, é selecionada a conceção óptima do dissipador de calor que proporciona uma maior taxa de transferência de calor. Se o material da placa de base for selecionado como sendo cobre em vez de alumínio, a resistência térmica do dissipador de calor diminui como esperado. No entanto, isto torna o dissipador de calor mais caro e mais pesado. A espessura da alheta do dissipador de calor é também um parâmetro a melhorar. Quando a espessura da placa de base foi aumentada, o dissipador de calor teve um melhor desempenho. No entanto, há limitações de espaço para cada dissipador de calor num computador. Por conseguinte, a altura total do dissipador de calor deve ser considerada juntamente com as limitações de espaço ao aumentar a altura da placa de base. Neste estudo, foi investigado um chassis de computador completo com diferentes dissipadores de calor e os desempenhos dos dissipadores de calor foram comparados. Este estudo irá beneficiar os engenheiros de projeto envolvidos no arrefecimento eletrónico.

C.J.Kobus et al. [5] Realizaram uma investigação sobre o "Desenvolvimento de um modelo teórico para prever as caraterísticas de desempenho térmico de um dissipador de calor vertical com alhetas sob convecção forçada e natural combinada com escoamento de impacto". Foi efectuado um estudo teórico e experimental exaustivo sobre o desempenho térmico de um dissipador de calor com alhetas. Foi formulado um modelo teórico que tem a capacidade de prever a influência de vários parâmetros geométricos, térmicos e de fluxo na resistência térmica efectiva do dissipador de calor. Foi desenvolvida uma técnica experimental para medir o desempenho térmico do dissipador de calor e o coeficiente global de transferência de calor por convecção para o feixe de alhetas. Foram realizadas experiências e obtidas correlações para uma vasta gama de parâmetros para a convecção natural pura e para a convecção forçada e natural combinada. A capacidade de previsão do modelo teórico foi verificada por comparação com dados experimentais, incluindo a influência de vários parâmetros das alhetas e a existência de um espaçamento ótimo entre alhetas.

HouFengze et al. [6] efectuaram uma investigação sobre "Análise térmica do sistema de iluminação LED com diferentes dissipadores de calor". Os seus esforços são bem reconhecidos no Journal of Semiconductors. Conceberam uma matriz de 3 x 3 díodos emissores de luz (LED) com uma potência total de 9 W, apresentam uma análise térmica de dissipadores de calor com alhetas de placa, em linha e com alhetas escalonadas para um sistema de iluminação LED de alta potência e desenvolvem um modelo 3D de elementos finitos (FE) de um quarto para prever a distribuição da temperatura do sistema. Os três tipos de dissipadores de calor são comparados sob as mesmas condições. Verifica-se que a temperatura da junção do chip LED é de 48,978 °C quando as alhetas do dissipador de calor estão alinhadas alternadamente.

Yang et al. [7] Estudaram o desempenho termo-hidráulico de dissipadores de calor com padrões de aletas em placa, fenda e persiana. Foi efectuada uma comparação entre o desempenho de transferência de calor associado e o efeito do espaçamento das alhetas. Os resultados indicam que os padrões de alhetas melhorados, como as alhetas de persiana ou de fenda, operados a uma velocidade frontal mais elevada e a um maior espaçamento entre alhetas, são mais benéficos do que a geometria de alhetas simples. O desempenho da transferência de calor da alheta em persiana é geralmente melhor do que o da alheta em fenda, mas é acompanhado de quedas de pressão mais elevadas. Verificou-se que as quedas de pressão para a alheta fendida são comparáveis às da geometria de alheta lisa quando o espaçamento entre alhetas é reduzido para 0,8 mm. Este facto foi associado ao aumento apreciável da perda de entrada/saída (arrastamento de forma) causado pela geometria de alheta fendida. Os resultados dos ensaios revelam também uma queda significativa do desempenho da transferência de calor a um baixo número de Reynolds e a um pequeno espaçamento entre alhetas, ou o chamado fenómeno "máximo" do fator Colburn j. Este fenómeno foi aplicável a todas as geometrias testadas. Através de uma análise cuidadosa dos resultados dos ensaios, concluiu-se que o fenómeno está relacionado com as caraterísticas do escoamento em desenvolvimento/completamente desenvolvido. De facto, o ponto máximo ocorreu aproximadamente em $x^+ = 0{,}1$, onde o escoamento totalmente desenvolvido e o escoamento em desenvolvimento estão separados.

Chang et al.[8] Analisaram no seu trabalho as caraterísticas de transferência de calor e de queda de pressão na parede final em quatro canais rectangulares com um rácio de aspeto de 4 e as matrizes escalonadas de alfinetes circulares com quatro folgas (C) entre as pontas dos alfinetes e a parede final medida de 0, 1/4, 1/2 e 3/4 de diâmetro de alfinete (d) a números de Reynolds (Re) de 10.000, 15.000, 20.000, 25.000 e 30.000. Determinam os efeitos das fugas nas pontas dos pinos na transferência de calor da parede final e nas quedas de pressão de entrada e saída do canal. Os fluxos acelerados através das folgas entre as paredes das pontas dos pinos modificam as interações entre a saliência e a parede da extremidade que afectam os vórtices em ferradura, bem como os wakes a jusante e as separações da camada de cisalhamento. Ao aumentar o rácio C/d de 0 para 3/4, os números de Nusselt médios da parede final diminuem com reduções substanciais nas quedas de pressão de entrada e saída do canal. O nível de transferência de calor da parede final com alfinetes destacados a C/d = 1/4 foi ligeiramente inferior ao dos alfinetes fixados, mas o coeficiente de queda de pressão do primeiro foi muito inferior ao do segundo, o que conduz ao fator de desempenho térmico mais elevado entre os quatro casos comparativos na gama Re examinada por este estudo. Foi também derivado um conjunto de correlações que avaliam o número de Nusselt médio da parede final e o coeficiente de perda de carga com Re e C/d como parâmetros de controlo.

Yakut et al.[9] No presente trabalho, foram investigados os efeitos das alturas e larguras das alhetas hexagonais, das distâncias entre as alhetas ao longo do fluxo e ao longo do vão e da velocidade do fluxo nas caraterísticas de resistência térmica e de perda de carga, utilizando o método de projeto experimental de Taguchi. Foi também determinada a distribuição da temperatura no interior das alhetas selecionadas. A resistência térmica e a perda de carga sem dimensão foram consideradas como estatísticas de desempenho. Foi selecionada uma matriz ortogonal como plano experimental para os cinco parâmetros acima mencionados. Enquanto os parâmetros óptimos eram determinados, devido ao facto de os objectivos (acima referidos) serem mais do que um, foi considerado o compromisso entre os objectivos. Cada objetivo foi optimizado separadamente e, em seguida, todos os objectivos foram optimizados em conjunto, tendo em conta a prioridade dos objectivos, e os resultados óptimos foram a largura da alheta de 14 mm, a altura da alheta de 150 mm, a distância entre alhetas de 20 mm, a distância entre alhetas de 10 mm e a velocidade do fluxo de 4 m/s.

Jeng et al. [10] estudaram experimentalmente a perda de carga e a transferência de calor de um conjunto quadrado de alhetas num canal retangular, utilizando a técnica transiente de sopro único. Os parâmetros variáveis são o passo longitudinal relativo (XL = 1,5, 2, 2,8), o passo transversal relativo (XT = 1,5, 2, 2,8) e a disposição (em linha ou escalonada). Em comparação com os artigos abertos, os passos relativos actuais são mais pequenos e independentemente variáveis. O desempenho das alhetas quadradas como dispositivos de arrefecimento foi comparado com o das alhetas circulares. Além disso, são sugeridas fórmulas empíricas para a perda de pressão e a transferência de calor. Finalmente, os passos ideais entre as alhetas foram fornecidos com base no maior número de Nusselt sob a mesma potência de bombagem, enquanto os passos ideais entre as alhetas dos pinos quadrados foram XT = 2 e XL = 1,5 para os conjuntos em linha, bem como XT = 1,5 e XL = 1,5 para os conjuntos em disposições escalonadas.

Yang et al. [11] Estudaram os cálculos numéricos do dissipador de calor de placa circular com alheta e forneceram uma visão física das caraterísticas do fluxo e da transferência de calor. A adoção de um método de diferenças finitas baseado no volume de controlo com um esquema de lei de potência numa grelha escalonada ortogonal não uniforme resolveu as equações determinantes. O acoplamento dos termos de velocidade e pressão das equações de momento foram também resolvidos pelo algoritmo SIMPLEC. O dissipador de calor de placa-circular com pinos e alhetas era composto por um dissipador de calor de placa e alguns pinos circulares entre as alhetas da placa. O objetivo deste estudo foi examinar os efeitos das configurações do design das alhetas. Os resultados mostram que o dissipador de calor com alhetas circulares em forma de placa tem melhor desempenho sintético do que o dissipador de calor com alhetas em forma de placa.

Chougule N.K. et al. [12] Realizou uma análise CFD do impacto de ar de múltiplos jactos numa placa plana. O impacto do jato é um dos métodos de arrefecimento intensivo para arrefecer objectos quentes em vários processos industriais. O escoamento do fluido e as caraterísticas de transferência de calor de um conjunto de jactos de ar que incidem sobre uma placa plana são investigados experimental e numericamente. Verifica-se que o modelo de turbulência SST (Shear-Stress Transport) k-w pode fornecer as melhores previsões do escoamento do fluido e das propriedades de transferência de calor para resolver este tipo de problemas. Utilizando o modelo SST k-w, são examinados os efeitos do número de Reynolds do jato (Re) e da relação entre o espaçamento do alvo e o diâmetro do jato (Z/d) no número de Nusselt médio (Nua) da placa alvo. Estes resultados numéricos são comparados com os dados experimentais de referência disponíveis. Verifica-se que o Nua aumenta de 40 para 50,1 com o aumento do número de Reynolds de 7000 para 11000 a Z/d =6. Ao aumentar o rácio Z/d de 6 para 10, Nua diminui de 50,1 para 36,41 em Re11000. Observa-se também que, no impacto de múltiplos jactos, o espaçamento entre os jactos de ar desempenha um papel importante. Foi recomendado um valor de 3 a 5 para a medula do bico para reduzir a interferência de jactos adjacentes.

Karimpourian et al. [13] Efectuaram uma modelação CFD e um estudo experimental sobre o escoamento de fluidos e a transferência de calor na conceção de dissipadores de calor em cobre. Os desafios e as complicações no fabrico de dissipadores de calor em cobre são expressos e a procura de soluções para estes obstáculos é abordada neste trabalho. O nosso primeiro modelo de dissipador de calor em cobre é concebido exclusivamente com base nas observações e análises técnicas da simulação numérica de dois dissipadores de calor idênticos em cobre e alumínio por CFD e também em preocupações de manufacturabilidade. Também em alguns esforços numéricos, é desenvolvida a otimização e previsão da caraterização térmica do dissipador de calor proposto com alhetas livres inclinadas. Outro dissipador de calor de cobre fabricado mecanicamente é investigado. É optimizado um novo desenho da base e das alhetas. É desenvolvido um método de volumes finitos tridimensional para determinar o desempenho do dissipador de calor proposto. É estudada a caraterização térmica e hidráulica do dissipador de calor em condições de arrefecimento por convecção forçada pelo ar. O comportamento do escoamento em torno das alhetas e de outras partes do dissipador de calor é analisado utilizando o código CFD. Os parâmetros hidráulicos, incluindo perfis de velocidade, distribuição de pressão estática, pressão dinâmica, camada limite e temperatura do fluido entre as aletas e na passagem no meio do dissipador de calor são analisados e apresentados esquematicamente. Além disso, as caraterísticas térmicas do dissipador de calor proposto são estudadas através do contorno das distribuições tridimensionais de temperatura através das alhetas e da temperatura da fonte de calor através do código CFD.

R.J.Yadav et al. [14] Efectuou uma análise CFD para o aumento da transferência de calor no interior de um tubo circular com metade do comprimento a montante e metade do comprimento a jusante da fita torcida. A investigação CFD foi efectuada para estudar as caraterísticas de melhoria da transferência de calor do escoamento de ar no interior de um tubo circular com um escoamento parcialmente decrescente e parcialmente turbulento. Foram investigadas quatro combinações de tubos com inserções de fita torcida, a condição de fita torcida a meio comprimento a montante (HLUTT), a condição de fita torcida a meio comprimento a jusante (HLDTT), a fita torcida a todo o comprimento (FLTT) e o tubo liso (PT) com três parâmetros de torção diferentes (λ = 0,14, 0,27 e 0,38). Foi efectuada uma simulação numérica 3D para analisar o aumento da transferência de calor e o escoamento do fluido em regime turbulento. Os resultados das investigações CFD da transferência de calor e das caraterísticas de fricção são apresentados para o FLTT, o HLUTT e o HLDTT em comparação com o caso PT.

Arularasan et al. [15] estudaram e realizaram uma análise CFD num dissipador de calor para arrefecimento de dispositivos electrónicos. O aumento contínuo das densidades de potência nos pacotes electrónicos e o esforço simultâneo para reduzir o tamanho e o peso dos produtos electrónicos levaram a um aumento da importância das questões de gestão térmica nesta indústria. A escolha de um dissipador de calor ótimo depende de uma série de parâmetros geométricos, como a altura e o comprimento das aletas, a espessura das aletas, o número de aletas, a espessura da placa de base, o espaço entre as aletas, a forma ou o perfil das aletas, o material, etc. É muito difícil otimizar os parâmetros acima referidos para obter uma baixa resistência térmica e uma baixa queda de pressão. Para selecionar os parâmetros geométricos ideais de um dissipador de calor para uma determinada aplicação, o projetista necessita de mais ferramentas de projeto para prever o desempenho do dissipador de calor. Assim, neste trabalho de investigação, para selecionar um design ótimo de dissipador de calor, foram realizados estudos preliminares sobre o escoamento do fluido e as caraterísticas de transferência de calor de um dissipador de calor de placas paralelas através de modelação e simulação CFD. Os parâmetros geométricos considerados neste estudo são a altura da aleta, a espessura da aleta, a altura da base e o passo da aleta. Neste estudo, os parâmetros geométricos altura da alheta, espessura da alheta, altura da base e passo da alheta são considerados óptimos, com 48 mm, 1,6 mm, 8 mm e 4 mm, respetivamente, para uma conceção eficiente do dissipador de calor.

N.V.S. Shanka et al. [16] Analisaram a simulação de escoamento para estudar o efeito do tipo de escoamento no desempenho de dissipadores de calor com aletas de placa multi-material. Os dissipadores de calor, em sistemas electrónicos, são dispositivos que arrefecem o corpo mais quente dissipando o calor para um meio fluido, geralmente o ar. São utilizados para arrefecer dispositivos como os semicondutores de alta potência e os dispositivos optoelectrónicos, como os lasers de alta potência e os díodos emissores de luz (LED). Trata-se essencialmente de permutadores de calor utilizados para trocar o calor do componente para o ambiente circundante, de modo a evitar o problema do sobreaquecimento. Existem diferentes tipos de dissipadores de calor: 1. dissipadores de calor extrudidos 2. dissipadores de calor com alhetas inundadas 3. Dissipadores de calor com câmara de vapor integrada. O dissipador de calor mais eficaz é aquele que consegue dissipar uma grande quantidade de calor. Neste documento, é efectuada uma simulação numérica utilizando técnicas CFD para diferentes tipos de dissipadores de calor. Considera-se um dissipador de calor multimaterial num armário de computador, de modo a estudar o seu desempenho em diferentes condições de escoamento. Inicialmente, é gerado um modelo de montagem do armário. A placa-mãe, as vigas, o chipset, o dissipador de calor do chipset, o dissipador de calor do processador e os restantes componentes são modelados e depois montados no armário. Foi dado um total de 180 W de dissipação máxima de calor como entrada para a análise. O calor total consiste no perfil de calor do processador, 20 W de dissipação de calor para a RAM e o chipset. Foram utilizadas ventoinhas de fluxo axial de 80 mm com 80cfm para as saídas de ar de entrada e de saída. Foi modelada uma ventoinha de 40 mm para o chipset e uma ventoinha de 80 mm para o processador. Foi efectuada uma simulação completa do fluxo da caixa e os resultados foram apresentados.

S. H. Barhatte et al. [17] Realizaram uma análise experimental e computacional e optimizaram a transferência de calor através de alhetas com entalhe triangular. As superfícies estendidas, vulgarmente conhecidas como aletas, oferecem frequentemente uma solução económica e sem problemas em muitas situações que exigem a transferência de calor por convecção natural. Os dissipadores de calor sob a forma de conjuntos de alhetas em superfícies horizontais e verticais utilizados numa variedade de aplicações de engenharia, os estudos da transferência de calor e do escoamento de fluidos associados a esses conjuntos são de considerável importância para a engenharia. A principal variável de controlo geralmente disponível para o projetista é a geometria dos conjuntos de alhetas. Tendo em conta o que precede, a transferência de calor por convecção natural a partir de conjuntos de alhetas rectangulares verticais com um entalhe triangular no centro foi investigada experimental e teoricamente. Além disso, foram também analisados entalhes de diferentes proporções para efeitos de comparação e otimização. Num conjunto de aletas curtas longitudinais, onde o padrão de fluxo de chaminé simples está presente, a parte central da aleta plana torna-se ineficaz devido ao facto de o ar já aquecido entrar em contacto com ela. No presente estudo, as aletas planas são modificadas através da remoção da parte central da aleta, cortando um entalhe triangular. Este relatório de dissertação apresenta uma análise experimental dos resultados obtidos numa gama de alturas de alhetas e de taxas de dissipação de calor. Tenta-se estabelecer uma comparação entre os resultados experimentais e os resultados obtidos com o software CFD.

N. K. Chougule, et al. [18] Realizou a análise numérica do dissipador de calor Pin Fin com uma condição de impacto de jato de ar único e múltiplo que foi publicado no International Journal of Engineering and Innovative Technology. Este estudo apresenta a simulação numérica de um dissipador de calor de aleta de pino 4x4 com jato único e jato de ar múltiplo 3x3. O desempenho térmico do jato único de 15 mm de diâmetro e da matriz 3x3 de jactos de ar múltiplos de 5 mm de diâmetro é avaliado em termos do número médio de Nusselt (Nuavg). Uma vez que a área total do fluxo dos orifícios do bocal para o impacto de um único jato é a mesma que para o impacto de vários jactos, a raiz quadrada da área é adoptada como escala de comprimento caraterística ao longo do estudo. O número de Reynolds é variado de 7000 a 11000 em Z/d =6, 8 e 10. Observa-se que a impulsão de jactos múltiplos mostrou um maior aumento da transferência de calor do que a impulsão de jato único no dissipador de calor de alheta. No entanto, com uma placa plana como superfície alvo, o impacto de jato único mostrou um aumento da transferência de calor superior ao impacto de jato múltiplo para Re >7000 a Z/d=6. Os resultados deste trabalho podem ajudar na conceção de dissipadores de calor com impingimento de jato, que é normalmente utilizado no arrefecimento eletrónico

Yue-Tzu Yang et al. [19] Efectuaram um estudo numérico do dissipador de calor com desenhos não uniformes da largura das alhetas. Os desempenhos térmicos do dissipador de calor com concepções de largura de alheta não uniforme com um arrefecimento por impacto foram investigados numericamente. As equações que regem o sistema são discretizadas utilizando um método de diferenças finitas baseado no volume de controlo com um esquema de lei de potência numa grelha ortogonal não uniforme escalonada. O acoplamento dos termos de velocidade e pressão das equações de momento é resolvido pelo algoritmo SIMPLEC. O conhecido modelo de turbulência de duas equações k e é utilizado para descrever a estrutura e o comportamento turbulento. Os parâmetros incluem cinco números de Reynolds (Re = 5000-25000), três alturas de aleta (H = 35, 40, 45 mm) e cinco designs de largura de aleta (Tipo-1-Tipo-5). O objetivo deste estudo é examinar os efeitos da forma das alhetas do dissipador de calor no desempenho térmico. Os resultados mostram que o número de Nusselt aumenta com o número de Reynolds. O incremento do número de Nusselt diminui gradualmente com o aumento do número de Reynolds. Além disso, os efeitos das dimensões das alhetas no número de Nusselt a números de Reynolds elevados são mais significativos do que a números de Reynolds baixos. Verificou-se também que existe potencial para otimizar a conceção de uma largura de alheta não uniforme Sukhvinder Kang, et al. [20] Realizou uma investigação sobre a resistência térmica de dissipadores de calor com alhetas em fluxo transversal. Este trabalho apresenta um modelo analítico baseado na física para prever o comportamento térmico de dissipadores de calor com alhetas em escoamento transversal forçado. A principal caraterística do modelo é o reconhecimento de que, ao contrário das alhetas de placa, a condução em fluxo não ocorre em dissipadores de calor com alhetas. Assim, a transferência de calor de cada aleta depende da temperatura local do ar ou da temperatura adiabática e do coeficiente de transferência de calor adiabático local. Tanto os dados experimentais como as simulações CFD simplificadas são utilizados para desenvolver os dois blocos de construção do modelo, a função de esteira térmica e o coeficiente de transferência de calor adiabático. Estes blocos de construção são depois utilizados para incluir o efeito do rasto térmico das alhetas a montante na temperatura adiabática das alhetas a jusante na determinação da transferência de calor alheta a alheta dentro do conjunto de alhetas. Esta abordagem capta a física essencial do fluxo e do transporte de calor no interior do conjunto de alhetas e produz um modelo exato para prever a resistência térmica dos dissipadores de calor de alhetas. As previsões do modelo são comparadas com dados experimentais existentes e simulações CFD. Espera-se que o modelo forneça uma base sólida para uma comparação de desempenho consistente com os dissipadores de calor de aletas de placa.

Paisarn Naphon et al. [21] Realizaram um estudo sobre a transferência de calor por convecção e a queda de pressão no dissipador de calor de microcanais que foi publicado na International Communications in Heat and Mass Transfer. Foram efectuadas experiências para investigar as caraterísticas de transferência de calor e a queda de pressão nos dissipadores de calor de micro-canais em condições de fluxo de calor constante. As experiências são realizadas para o número de Reynolds e o fluxo de calor nas gamas de 200-1000 e 1,80-5,40 kW/m2, respetivamente. O dissipador de calor de micro-canais com duas alturas e duas larguras de canal diferentes é fabricado por uma máquina de descarga eléctrica de fio. São considerados os efeitos de diferentes parâmetros de configuração geométrica do micro-canal e do fluxo de calor nas caraterísticas de transferência de calor e na queda de pressão. A configuração geométrica do micro-canal tem um efeito significativo no aumento da transferência de calor e na perda de carga. Espera-se que os resultados deste estudo conduzam a orientações que permitam a conceção de permutadores de calor de microcanais com melhor desempenho em termos de transferência de calor para os dispositivos electrónicos.

Amar Al - Fathah Ahmad, [22] Engenharia Química na sua tese de mestrado realizou uma simulação CFD da distribuição de temperatura e do padrão de transferência de calor no interior do forno de combustão C492. O modelo matemático é baseado numa descrição Euleriana para a fase contínua e o modelo prevê fluxos de gás, concentrações e temperaturas de espécies, trajectórias de partículas e fluxos de calor de combustão e radiação. As equações de conservação da fase gasosa de momento, entalpia e fração de mistura são resolvidas utilizando o modelo de turbulência k-ε. A abordagem de combustão sem pré-mistura é usada para prever o processo de combustão. A composição dos componentes do combustível é definida utilizando a função de densidade de probabilidade (PDF). É criado um modelo simplificado 3-D para determinar os perfis de temperatura e de fluxo de calor e outras caraterísticas térmicas de uma fornalha típica de 150 kW que queima combustíveis líquidos ou gasosos. Os perfis de temperatura do forno com base no rácio de excesso de ar são previstos utilizando o modelo 3-D. O parâmetro principal é o rácio de excesso de ar, que consiste em 1,248, 1,299, 1,362 e 1,417, utilizado para estudar a distribuição da temperatura. Os cálculos do modelo mostraram uma boa concordância com os dados experimentais medidos, tanto à escala real como à escala piloto do forno de teste, bem como com os dados da literatura. A utilização da experiência adquirida com estes estudos de modelos CFD pode potencialmente melhorar o funcionamento de um forno, projectando uma melhor câmara de combustão ou forno com elevado desempenho e eficiência. Em última análise, estes modelos CFD têm as vantagens de reduzir o custo, o tempo e a capacidade de otimizar significativamente o projeto sem grande investimento na experiência real.

A Diani et al. [23] Efectuaram análises experimentais e numéricas de diferentes superfícies estendidas. O ar é um fluido barato e seguro, amplamente utilizado em aplicações electrónicas, aeroespaciais e de ar condicionado. Devido às suas fracas propriedades de transferência de calor, flui sempre através de superfícies alargadas, tais como superfícies com alhetas, para melhorar a transferência de calor por convecção. Neste artigo, são revistos os resultados experimentais e apresentados estudos numéricos durante a convecção forçada de ar através de superfícies alargadas. Os comportamentos térmico e hidráulico de uma superfície alhetada trapezoidal de referência, avaliada experimentalmente pelos presentes autores num túnel de vento em circuito aberto, foram comparados com simulações numéricas efectuadas utilizando o software comercial de CFD COMSOL Multi physics. Uma vez validado o modelo, as simulações numéricas foram alargadas a outras configurações de alhetas rectangulares, a fim de estudar os efeitos da espessura, do passo e da altura das alhetas no comportamento termo-hidráulico das superfícies alargadas. Para além disso, foram simuladas várias superfícies com alhetas na mesma gama de condições de funcionamento previamente analisadas. Os resultados numéricos sobre a transferência de calor e a perda de carga, tanto para as superfícies com aletas simples como para as superfícies com aletas de pinos, foram comparados com correlações empíricas da literatura, tendo sido desenvolvidas, propostas e validadas equações mais precisas.

CAPÍTULO 3
FORMULAÇÃO DE PROBLEMAS

3.1 FORMULAÇÃO DO PROBLEMA E OBJECTIVO DO TRABALHO

Verifica-se que, na placa-mãe do computador e noutros dispositivos electrónicos, são utilizados diferentes tipos de dissipadores de calor. Cada dissipador de calor tem um desempenho particular e a seleção do dissipador de calor é um parâmetro importante na avaliação do desempenho térmico. O objetivo da tese é estudar os efeitos da transferência de calor de diferentes perfis (com corte e sem corte) de dissipadores de calor utilizados na placa-mãe do computador para o arrefecimento do processador. Para o efeito, é fabricada uma instalação experimental para estudar as variações de temperatura e as caraterísticas de transferência de calor de diferentes perfis de dissipadores de calor. A fim de compreender o fenómeno físico da transferência de calor e da dinâmica dos fluidos, são efectuadas simulações com o software Computational Fluid Dynamics para avaliar o dissipador de calor no interior da CPU.

A forma do dissipador de calor desempenha um papel importante na análise da transferência de calor. A literatura sugere que não existem muitos pormenores disponíveis sobre a comparação e a utilização de dissipadores de calor. Para compreender melhor a dinâmica dos fluidos e a transferência de calor, será efectuada uma comparação experimental e computacional entre os desempenhos térmicos de dois perfis diferentes (com corte e sem corte) de dissipadores de calor. Para a análise, o fluxo de calor e os contornos de temperatura são analisados para as diferentes entradas de calor.

CAPÍTULO 4

CONFIGURAÇÃO EXPERIMENTAL

4.1 APARELHOS EXPERIMENTAIS

A figura 5 mostra um diagrama esquemático do aparelho experimental. O circuito de ensaio é constituído pelas seguintes partes

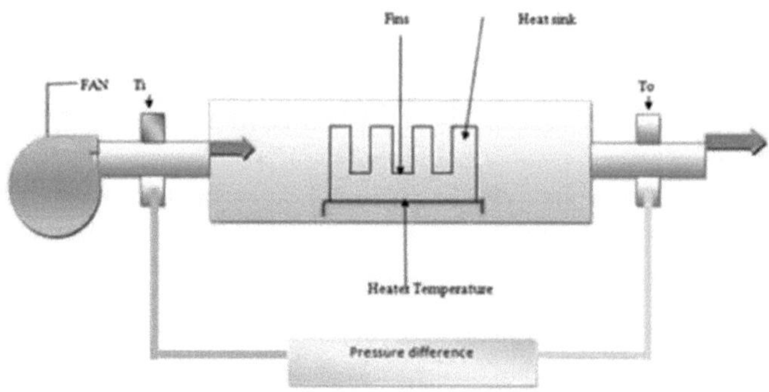

Figura 5 Esquema do aparelho experimental

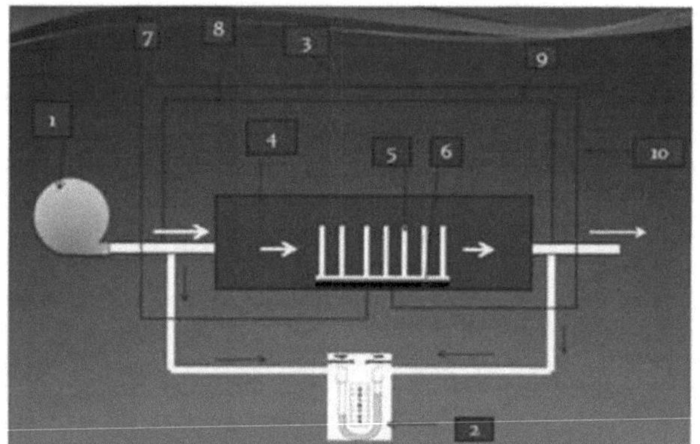

Figura 6 Diversas partes do aparelho experimental

Block diagram of set up	
1	Fan
2	Manometer
3	J-Type thermocouple
4	Wind tunnel
5	Heat sink
6	Heater
7	Fins temperature
8	Inlet temperature
9	Outlet temperature
10	Heater temperature

Tabela 4.1: Várias partes da instalação

Figura 7 Instalação experimental

4.2PARTES DA MONTAGEM EXPERIMENTAL

- Dissipador de calor
- Ventilador

- Secção de testes
- Equipamento de medição

4.2.1 Dissipador de calor

Um dissipador de calor é um componente ou conjunto que transfere o calor gerado num material sólido para um meio fluido, como o ar ou um líquido. Os dissipadores de calor são utilizados principalmente para remover o calor de um dispositivo para evitar o seu sobreaquecimento. Exemplos de dissipadores de calor são os permutadores de calor utilizados em sistemas de refrigeração e de ar condicionado e o radiador (também um permutador de calor) de um automóvel. Os dissipadores de calor feitos de liga de alumínio foram fabricados utilizando uma técnica de corte de fio. As configurações e as dimensões pormenorizadas destes dissipadores de calor são apresentadas na figura.

Os seguintes tipos de dissipadores de calor são testados na região de ensaio.

- Perfil-1: Barbatana de chapa com corte.
- Perfil-2: Barbatana de chapa sem corte.

Specification of heat sink	**With cut**	**Without cut**
Length L	122mm	85.40mm
Width W	156.40mm	68mm
Height H_f	84mm	36mm
Thickness W_w	2mm	0.5mm
Cut width L_c	2mm	
Fin Pitch Fp	4mm	4mm
Channel width Ww	68.40mm	68.40mm

Tabela 4.1: Especificação do dissipador de calor

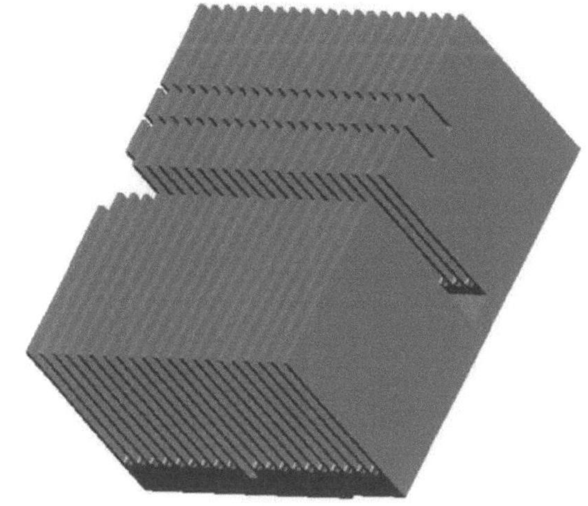

Profile 1

Profile 2

Figura 8 Configuração dos dissipadores de calor

Dissipador de calor feito de liga de alumínio 6061. A liga de alumínio 6061 é uma das ligas de alumínio da série 6000 mais utilizadas. 6061 é um alumínio endurecido, contendo magnésio e silício como principais elementos de liga. Tem boas propriedades mecânicas e apresenta boa soldabilidade.

É uma das ligas de alumínio mais comuns para utilização geral. É uma liga extrudida tratável termicamente versátil com capacidades de resistência média a elevada.

Component	Amount (wt.%)
Aluminium	Balance
Magnesium	0.8-1.2
Silicon	0.4 – 0.8
Iron	Max. 0.7
Copper	0.15-0.40
Zinc	Max. 0.25
Titanium	Max. 0.15
Manganese	Max. 0.15
Chromium	0.04-0.35
Others	0.05

Tabela 4.2: Composição do alumínio

Physical properties of alloys 6061	
Density	$2.7 g/cm^3$
Poissons ratio	0.33
Modulus of elasticity	70-80G
Melting point	580°C
Thermal Properties of alloys 6061	
Thermal Conductivity	$174 \frac{w}{mk}$
Co-Efficient of Thermal Expansion	$23.5 \times 10^{-6} m/m^{\circ}C$

Tabela 4.3: Propriedades físicas e térmicas das ligas 6061

Aplicações para a liga de alumínio 6061

Aeronaves e componentes aeroespaciais

Acessórios marítimos

Transporte

Quadros de bicicletas

Lentes de câmara

Eixos de transmissão

Acessórios e conectores eléctricos

Componentes dos travões

Válvulas

Material acrílico

O acrílico é um poli (metacrilato de metilo) (PMMA) é um termoplástico transparente de acrílico de alta qualidade que inclui Polycast, Lucite e Plexiglass. Existem dois tipos básicos de acrílico: extrudido e fundido em células. O acrílico extrudido ou de "moldagem contínua" é fabricado por um processo menos dispendioso, é mais macio, pode riscar-se mais facilmente e pode conter impurezas. O acrílico "cell cast" é um acrílico de qualidade superior e o acrílico "cell cast" nacional dos EUA é uma boa escolha para aplicações que exigem o melhor. O acrílico fundido por células importado é frequentemente fabricado segundo normas menos exigentes.

Acrylic material	
Density	1.15-1.19g/cm^3
Thermal Conductivity	0.86 w/mk
Transmits	92% of a visible light(3mm of thickness)
Co-efficient of thermal expansion	5-10×10^{-5}m/m°C

Tabela 4.4: Propriedades do material acrílico

Vantagens do material acrílico em relação ao vidro

- O peso é inferior ao do vidro.
- Tem uma boa resistência ao impacto, superior à do vidro
- É mais macio e risca-se mais facilmente do que o vidro
- Tem uma excelente estabilidade ambiental em comparação com outros plásticos, como o policarbonato
- Tem uma fraca resistência aos solventes, pois incha e dissolve-se facilmente

4.2.2 Ventilador de entrada

É utilizado para efeitos de arrefecimento e aspira ar mais frio do exterior para a caixa, expulsa o ar quente do interior ou desloca-se através de um dissipador de calor para arrefecer um determinado componente. medida que os processadores, as placas gráficas, a RAM e outros componentes dos computadores aumentaram em termos de velocidade e consumo de energia, a quantidade de calor produzida por estes componentes como efeito secundário do seu funcionamento normal também aumentou. As ventoinhas ligadas aos componentes são normalmente utilizadas em combinação com um dissipador de calor para aumentar a área da superfície aquecida em contacto com o ar, melhorando assim a eficiência do arrefecimento.

Figura 9 Ventilador de entrada (Modelo D12SL-12C)

A largura e a altura destas aletas, normalmente quadradas, são medidas em milímetros; os tamanhos comuns incluem 60 mm, 80 mm, 92 mm e 120 mm. Também estão disponíveis ventoinhas com uma estrutura redonda; estas são normalmente concebidas para que se possa utilizar uma ventoinha maior do que os orifícios de montagem permitiriam (ou seja, uma ventoinha de 120 mm com orifícios de 90 mm). A quantidade de fluxo de ar que a ventoinha gera é normalmente medida em pés cúbicos por minuto e a velocidade de rotação é medida em R.P.M. A outra consideração ao escolher uma ventoinha de computador é a pressão estática. Uma ventoinha com alta pressão estática é mais eficaz para forçar o ar através de espaços restritos, como espaços entre um radiador ou dissipador de calor. A pressão estática depende do grau em que o fluxo de ar é restringido pela geometria.

Model	D12SL-12C
Dimensions	120x20mm
Voltage	12 Volt DC
Air Flow	44.5CFM
Noise	20.8 DBA
Speed	1300RPM
Current	0.30A
Bearings	Sleeve Bearing
Connector	3pin or 4pin Molex with RPM (3pin only)
RPM	Yes

Tabela 4.5: Especificação do ventilador de entrada

4.2.3 Equipamento de medição

4.2.3a. Aquecedor

O dissipador de calor será aquecido por aquecedores eléctricos fabricados com aquecedores de placa do tipo B-VICO, com uma espessura de 0,25 mm, fixados à superfície inferior de um dissipador de calor e as temperaturas serão medidas em várias posições. Desempenha o papel de uma fonte de calor, uma vez que está ligado a uma fonte de alimentação de corrente alterna. Para reduzir a perda de calor, é fixada uma placa de baquelite à superfície inferior do aquecedor de película fina. A placa de baquelite é depois fixada ao fundo da conduta do túnel de vento. Todos os termopares serão ligados a um gravador digital para registar a temperatura quando o estado estacionário for atingido. A entrada de energia para o aquecedor é controlada por um variac. Será utilizado um wattímetro digital para registar a potência do aquecedor

HEATER	
Type	Plate heater
Power	120W
Thickness	5mm
size	75×75mm

Tabela 4.6: Especificação do aquecedor

A Tabela 4.6 mostra as especificações de um aquecedor de placas utilizado na configuração experimental. A potência máxima do aquecedor de placas é de 120 W e efectuámos leituras com 50 W, 75 W e 100 W de entrada de calor. A espessura do aquecedor é de 5 mm e o tamanho é de 75x75 mm, quase a mesma espessura utilizada no fabrico de placas-mãe e outros chips da CPU.

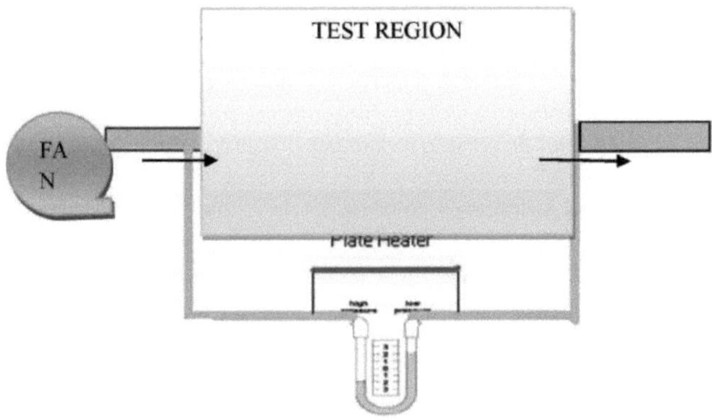

Figura 10 Aquecedor de placas

4.2.3b. Manómetro

Um manómetro é um dispositivo para medir pressões. Para medir a diferença de pressão entre a entrada e a saída do dissipador de calor, coloca-se uma tomada de pressão na parede do túnel de vento e liga-se a um manómetro. O manómetro diferencial simples comum consiste num tubo de vidro em forma de *U* cheio de um líquido.

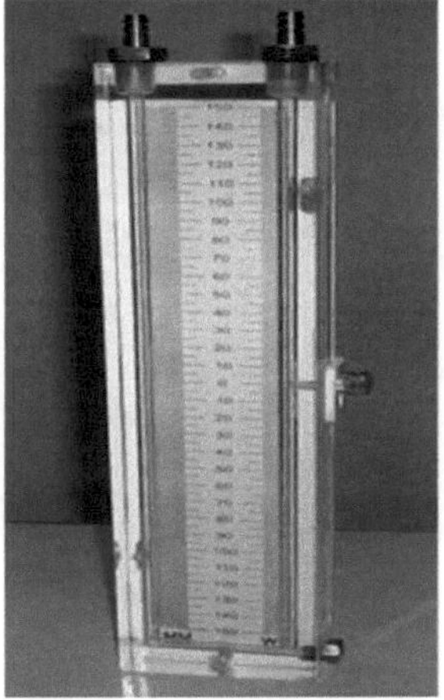

Figura 11 Manómetro diferencial de tubo em U

O líquido utilizado é o mercúrio devido à sua elevada densidade. O manómetro de tubo em U é ligado à entrada e à saída da conduta do túnel de vento para medir a queda de pressão. Através do dissipador de calor ao longo da direção do fluxo de ar Unidade 1 Pa = 1 N/m^2 = 10^{-5} bar = $10{,}197\times10^{-6}$ at = $9{,}8692\times10^{-6}$ atm, etc. Os vários tipos de manómetros são utilizados. Manómetro de tubo em U comum, que consiste num tubo oco, geralmente de vidro, um líquido que enche parcialmente o tubo e uma escala para medir a altura de uma superfície líquida em relação à outra As pernas deste manómetro estão ligadas a fontes de pressão separadas, o líquido sobe na perna com a pressão mais baixa e desce na outra perna. A diferença entre os níveis é uma função da pressão aplicada e da gravidade específica dos fluidos de pressurização e de enchimento. A figura 12 mostra a disposição do manómetro de tubo em U no painel de montagem experimental. A queda de pressão é obtida calculando a diferença de pressão nas duas pernas do manómetro.

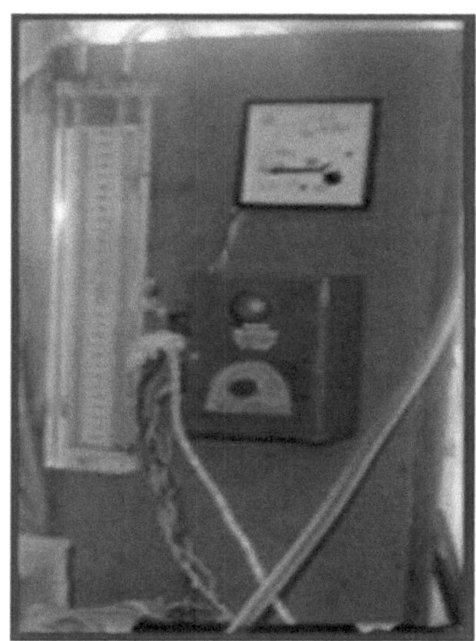

Figura 12 Disposição dos equipamentos no painel

4.2.3c. Cálculo da perda de carga

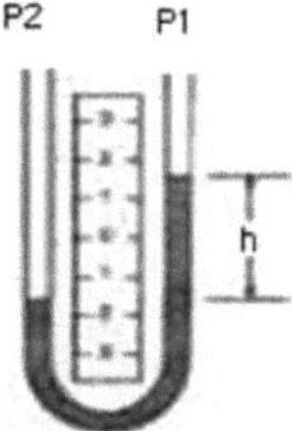

Figura 13hm - Diferença do nível de mercúrio no tubo em U

4.2.3d. Termopar

$$\text{Difference of pressure}\Delta p = wh_m(s_m - s_1)$$

$$= wh_m\left(\frac{s_m}{s_1} - 1\right)$$

ΔpDiferença de pressão

h_m Diferença do nível de mercúrio no tubo em U w é o peso específico do ar fluido pg

S_m gravidade específica do mercúrio 13,6

S_1 gravidade específica do ar

$$\Delta p = \rho g \;_m\left(\frac{s_m}{s_1} - 1\right)$$

$$= 1000 \times 9.81 \times h_m\left(\frac{13.6}{1} - 1\right)$$

$$=1236.06h_m \text{ N/m}^2$$

O termopar é um dispositivo utilizado para medir a temperatura Os termopares do tipo J (Fe/Cu-Ni) são muito utilizados na indústria devido ao seu elevado poder térmico e baixo custo. Este tipo de termopar tem uma gama de temperaturas de funcionamento de 0° C a +760° C. Foram utilizados quatro termopares do tipo J para medir várias temperaturas. Um termopar foi montado na placa de base do dissipador de calor, para medir a temperatura máxima do dissipador de calor, que está posicionado ao longo da linha central do dissipador de calor. Foi utilizado um termopar para medir a temperatura de entrada do ar. Foi utilizado um termopar para medir a temperatura de saída do ar.

Um é utilizado para medir a temperatura das alhetas. Todos os termopares serão ligados a um gravador digital para registar/verificar a temperatura quando o estado estacionário for atingido.

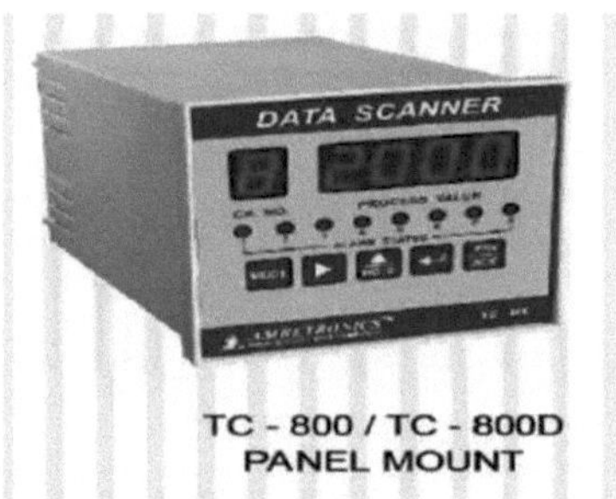

Figura 14 Scanner de temperatura

A figura 15 mostra abaixo um termopar do tipo J que fornece temperaturas em diferentes posições.

- Conductor Iron
- Conductor Copper Nickel alloys

Figura 15 Termopar de tipo J

Thermocouple J-Type	
Wire component	Iron vs. Copper Nickel alloys
Temperature range	0° C-760° C
Accuracy	±1 FS

Tabela 4.7: Especificação do termopar tipo J

4.2.3e. Wattímetro e Variac

A entrada de energia para o aquecedor é controlada por um variac. Será utilizado um wattímetro digital para registar a potência do aquecedor.

Figura 16Variador e Wattímetro

Range	0-500W
Accuracy	±1%FS
Least account	10W

Tabela 4.8: Especificação do wattímetro

4.2.4 Procedimento de ensaio

Os procedimentos de ensaio foram os seguintes: o caudal volúmico constante do ar foi gerado por um ventilador e o seu valor foi obtido pelo elemento de fluxo laminar. O aquecedor foi então alimentado a uma carga térmica correspondente a 120W, 100W, 80W e 60W e deixou-se estabilizar a potência de entrada no aquecedor, que é controlada por um variac. É utilizado um wattímetro digital para registar a potência do aquecedor. A temperatura foi monitorizada em intervalos de 40 segundos e a unidade está em estado estacionário. As temperaturas são medidas em estado estacionário em várias posições de entrada, temperatura da aleta de saída e temperatura do aquecedor. A pressão de entrada e de saída é medida por um manómetro. O dissipador de calor de placa e o dissipador de calor de corte transversal são utilizados para o procedimento de ensaio.

CAPÍTULO 5
RESULTADOS E DISCUSSÃO

5.1 RESULTADOS EXPERIMENTAIS

Para obter os resultados adequados, foi efectuada uma série de experiências na configuração com várias entradas de calor para o dissipador de calor. Os resultados experimentais são comparados com os resultados computacionais.

As experiências foram iniciadas com dois perfis de dissipadores de calor; um perfil tinha um corte enquanto o outro não tinha corte. As leituras experimentais foram anotadas e representadas em gráficos para a entrada de calor de 100 watts, as leituras de temperatura foram anotadas em intervalos de tempo de 0, 40 e 80 segundos. O mesmo procedimento foi repetido para a entrada de calor de 75 watts e 50 watts nos mesmos intervalos de tempo e as leituras foram traçadas em gráficos separados.

A Figura 17 mostra o perfil de temperatura em várias posições para um dissipador de calor sem placa cortada (perfil 2). As temperaturas foram medidas num intervalo de 40 segundos. A temperatura máxima foi observada no aquecedor, seguida do dissipador de calor e depois na posição de saída. As entradas de calor foram variadas de 100W e 75W e a 50W por um variac e os gráficos de temperatura foram mostrados nas Figuras 17, 18 e 19. As tendências estavam de acordo com as teorias convencionais de transferência de calor. A lei de Newton dá a impressão de que

$$Q = h\,A\,(ts\text{-}t\infty)$$

Onde, Q é a entrada de calor em Watts, A é a área da superfície em metros quadrados, ts e t∞ são as temperaturas da superfície e do fluido, respetivamente, em °K e o parâmetro h (W/m2°K) é o coeficiente de transferência de calor. Depende das condições da camada limite, que são influenciadas pela geometria da superfície.

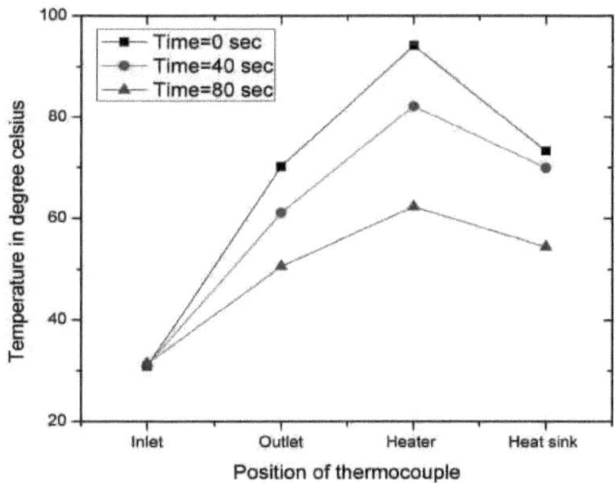

Figura 17 Variações de temperatura em várias posições do termopar a (100W) sem dissipador de calor de placa cortada

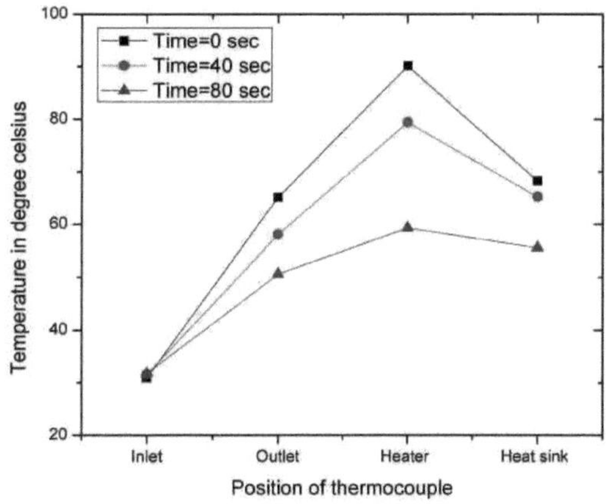

Figura 18 Variações de temperatura em função da posição do termopar a (75W) sem dissipador de calor cortado

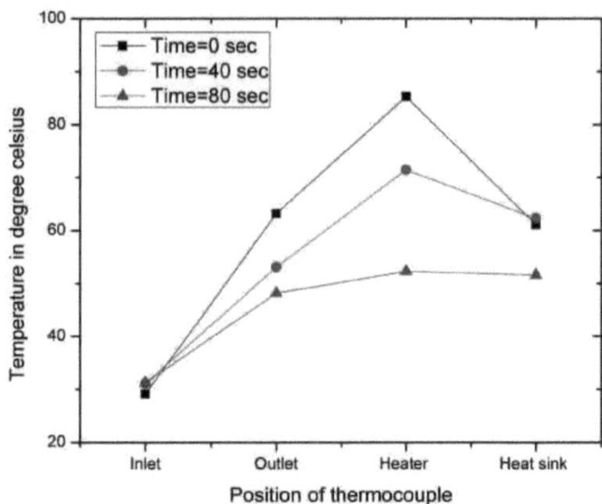

Figura 19 Variações de temperatura em função da posição do termopar a (50W) sem dissipador de calor cortado

A Figura 20 mostra a variação da temperatura com o tempo para uma entrada de calor de 100 W. As temperaturas foram observadas em quatro posições na entrada, saída, aquecedor e dissipador de calor. A comparação da variação de temperatura para o dissipador de calor com corte (perfil 1) e sem corte (perfil 2) foi mostrada. Observou-se que a variação de temperatura foi maior para um dissipador de calor com corte do que para um dissipador de calor sem corte, o que conduz a uma maior transferência de calor. Foram observadas variações semelhantes para entradas de calor de 75 W e 50 W, como se mostra na Figura 21-22.

A Figura 20 mostra a comparação da temperatura de um dissipador de calor com corte (perfil 1) e sem corte (perfil 2) sob uma entrada de calor de 100 W. A temperatura do ar atmosférico, sendo constante, não mostra qualquer variação na leitura do termopar utilizado na entrada da posição 1 da CPU para ambas as disposições do dissipador de calor após 0, 40 e 80 segundos de intervalo de tempo, como se mostra no gráfico. No entanto, o termopar utilizado na saída da posição 2 da CPU mostra uma maior queda de temperatura no caso do dissipador de calor com corte (perfil 1) em comparação com o dissipador de calor sem corte (perfil 2) a 0 segundos de intervalo de tempo, o que pode ser facilmente verificado a partir do gráfico de comparação que mostra 61,2°C para o dissipador de calor sem corte (perfil 2) e 54,3°C para o dissipador de calor com corte (perfil 1). O termopar empregue no dissipador de calor com corte (perfil 1) mostra uma maior queda de temperatura no caso do dissipador de calor sem corte (perfil 2) a 0 segundos de intervalo de tempo, o que pode ser facilmente verificado a partir do gráfico de comparação que mostra 73,3°C para o dissipador de calor sem corte (perfil 2) e 65,1°C para o dissipador de calor com corte (perfil 1). Na base do processador, o termopar lê 83,1°C para o dissipador de calor sem corte e para o dissipador de calor com um corte após 0 segundos de intervalo de tempo.

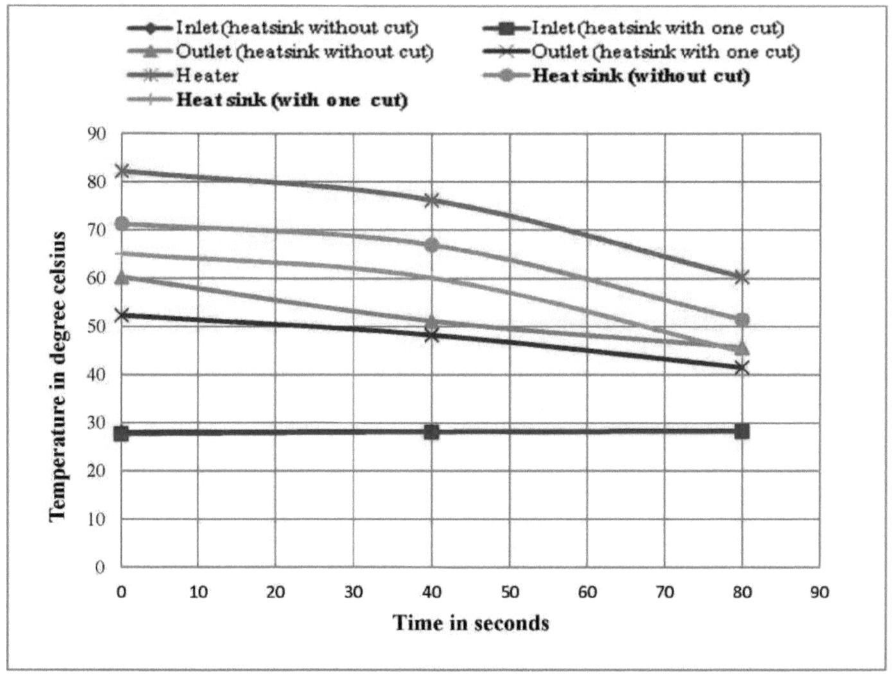

Figura 20 Comparação da temperatura para um dissipador de calor com corte simples e sem corte sobentrada de calor de 100 W

Após 40 segundos de intervalo de tempo, as leituras correspondentes aos termopares na posição 1 da CPU são 31,2°C para o dissipador de calor sem corte e 31°C para o dissipador de calor com corte, respetivamente. As leituras correspondentes ao termopar na posição 2 da CPU após o mesmo intervalo de tempo de 40 segundos são 52,2 °C para o dissipador de calor sem corte e 48,1 °C para o dissipador de calor com um corte, respetivamente. Na base do processador, o termopar lê 76,3°C para o dissipador de calor sem corte e para o dissipador de calor com um corte após 40 segundos de intervalo de tempo. O termopar empregue no dissipador de calor com corte mostra uma maior queda de temperatura no caso do dissipador de calor sem corte aos 40 segundos de intervalo de tempo, o que pode ser facilmente verificado a partir do gráfico de comparação que mostra 68,1 °C para o dissipador de calor sem corte e 60,1 °C para o dissipador de calor com um corte.

Após 80 segundos de intervalo de tempo, as leituras correspondentes aos termopares na posição 1 da CPU são 31,4 °C para o dissipador de calor sem corte e 32 °C para o dissipador de calor com um corte, respetivamente. As leituras correspondentes ao termopar na posição 2 da CPU após o mesmo intervalo de tempo de 80 segundos são 46,5°C para o dissipador de calor com corte e 40,9°C para o dissipador de calor com um corte, respetivamente. Na base do processador, o termopar lê-se a 61,1°C para o dissipador de calor sem corte e para o dissipador de calor com um corte após 80 segundos de intervalo de tempo. O termopar utilizado no dissipador de calor com corte mostra uma maior queda de temperatura em comparação com o dissipador de calor sem corte aos 80 segundos de intervalo de tempo, o que pode ser facilmente verificado a partir do gráfico de comparação que mostra 54,4 °C para o dissipador de calor sem corte e 44,8 °C para o dissipador de calor com um corte.

A Figura 21 mostra a comparação da temperatura de um dissipador de calor com corte (perfil 1) e sem corte (perfil 2) sob uma entrada de calor de 75 W. A temperatura do ar atmosférico, sendo constante, não mostra qualquer variação na leitura do termopar utilizado na entrada da posição 1 da CPU para ambas as disposições do dissipador de calor após 0, 40 e 80 segundos de intervalo de tempo, como mostra o gráfico. No entanto, o termopar utilizado na saída da posição 2 da CPU mostra uma maior queda de temperatura no caso do dissipador de calor com corte (perfil 1) em comparação com o dissipador de calor sem corte (perfil 2) a 0 segundos de intervalo de tempo, o que pode ser facilmente verificado a partir do gráfico de comparação que mostra 64,8°C para o dissipador de calor sem corte (perfil 2) e 59,9°C para o dissipador de calor com corte (perfil 1). O termopar empregue no dissipador de calor com corte (perfil 1) mostra uma maior queda de temperatura no caso do dissipador de calor sem corte (perfil 2) a 0 segundos de intervalo de tempo, o que pode ser facilmente verificado a partir do gráfico de comparação que mostra 68,3°C para o dissipador de calor sem corte (perfil 2) e 60,8°C para o dissipador de calor com corte (perfil 1). Na base do processador, o termopar lê 90,1°C para o dissipador de calor sem corte e para o dissipador de calor com um corte após 0 segundos de intervalo de tempo.

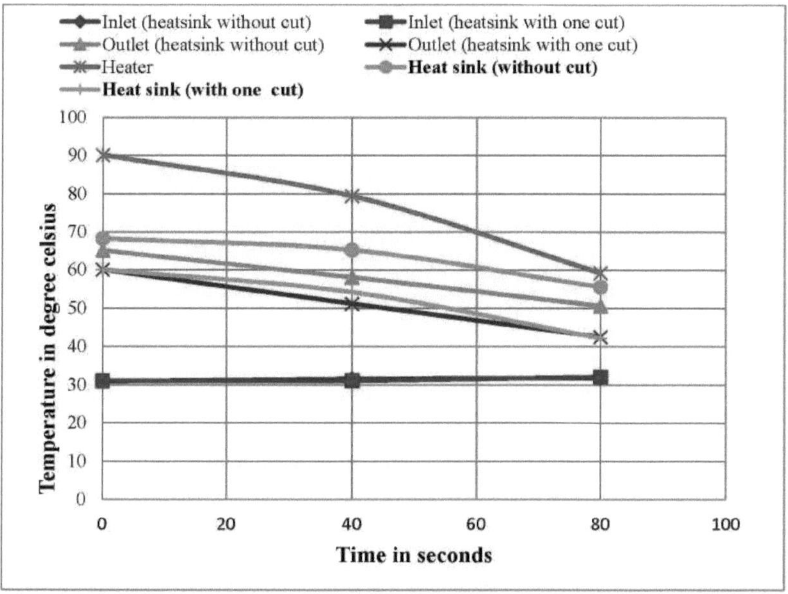

Figura 21 Comparação da temperatura para um dissipador de calor com um único corte e sem corte com uma entrada de calor de 75 W

Após 40 segundos de intervalo de tempo, as leituras correspondentes aos termopares na posição 1 da CPU são 32,2°C para o dissipador de calor sem corte e 31,2°C para o dissipador de calor com corte, respetivamente. As leituras correspondentes ao termopar na posição 2 da CPU após o mesmo intervalo de tempo de 40 segundos são 57,2°C para o dissipador de calor sem corte e 51,3°C para o dissipador de calor com um corte, respetivamente. Na base do processador, o termopar lê 79,8°C para o dissipador de calor sem corte e para o dissipador de calor com um corte após 40 segundos de intervalo de tempo. O termopar empregue no dissipador de calor com corte mostra uma maior queda de temperatura no caso do dissipador de calor sem corte aos 40 segundos de intervalo de tempo, o que pode ser facilmente verificado a partir do gráfico de comparação que mostra 66,2 °C para o dissipador de calor sem corte e 54,8 °C para o dissipador de calor com um corte.

Após 80 segundos de intervalo de tempo, as leituras correspondentes aos termopares na posição 1 da CPU são 32,8 °C para o dissipador de calor sem corte e 32,5 °C para o dissipador de calor com um corte, respetivamente. As leituras correspondentes ao termopar na posição 2 da CPU após o mesmo intervalo de tempo de 80 segundos são 50,8°C para o dissipador de calor com corte e 42,5°C para o dissipador de calor com um corte, respetivamente. Na base do processador, o termopar lê-se a 61,1°C para o dissipador de calor sem corte e para o dissipador de calor com um corte após 80 segundos de intervalo de tempo. O termopar utilizado no dissipador de calor com corte mostra uma maior queda de temperatura em comparação com o dissipador de calor sem corte aos 80 segundos de intervalo de tempo, o que pode ser facilmente verificado a partir do gráfico de comparação que mostra 56,3 °C para o dissipador de calor sem corte e 43,1 °C para o dissipador de calor com um corte.

A Figura 22 mostra a comparação da temperatura de um dissipador de calor com corte (perfil 1) e sem corte (perfil 2) sob uma entrada de calor de 50 W. A temperatura do ar atmosférico, sendo constante, não mostra qualquer variação na leitura do termopar utilizado na entrada da posição 1 da CPU para ambas as disposições do dissipador de calor após 0, 40 e 80 segundos de intervalo de tempo, como se mostra no gráfico. No entanto, o termopar utilizado na saída da posição 2 da CPU mostra uma maior queda de temperatura no caso do dissipador de calor com corte (perfil 1) em comparação com o dissipador de calor sem corte (perfil 2) a 0 segundos de intervalo de tempo, o que pode ser facilmente verificado a partir do gráfico de comparação que mostra 63,4°C para o dissipador de calor sem corte (perfil 2) e 59,8°C para o dissipador de calor com corte (perfil 1). O termopar empregue no dissipador de calor com corte (perfil 1) mostra uma maior queda de temperatura no caso do dissipador de calor sem corte (perfil 2) a 0 segundos de intervalo de tempo, o que pode ser facilmente verificado a partir do gráfico de comparação que mostra 61,3°C para o dissipador de calor sem corte (perfil 2) e

57,2°C para o dissipador de calor com corte (perfil 1). Na base do processador, o termopar lê 95,1°C para o dissipador de calor sem corte e para o dissipador de calor com um corte após 0 segundos de intervalo de tempo.

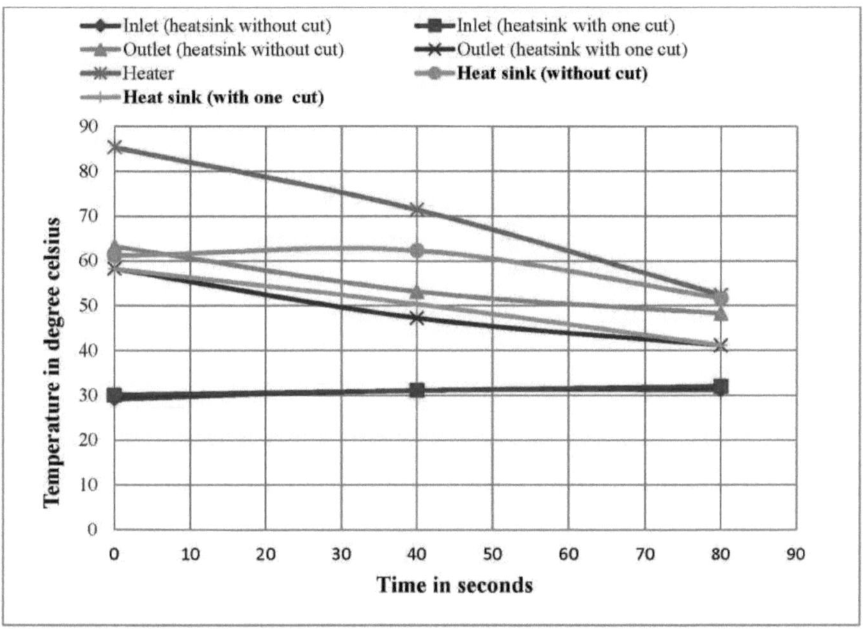

Figura 22 Comparação da temperatura para um dissipador de calor com um único corte e sem corte com uma entrada de calor de 50 W

Após 40 segundos de intervalo de tempo, as leituras correspondentes aos termopares na posição 1 da CPU são 31,2 °C para o dissipador de calor sem corte e 31 °C para o dissipador de calor com corte, respetivamente. As leiturascorrespondentes ao termopar na posição 2 da CPU após o mesmo intervalo de tempo de 40 segundos são 53,2°C para o dissipador de calor sem corte e 46,7 °C para o dissipador de calor com um corte, respetivamente. Na base do processador, o termopar lê 72,2°C para o dissipador de calor sem corte e para o dissipador de calor com um corte após 40 segundos de intervalo de tempo. O termopar empregue no dissipador de calor com corte mostra uma maior queda de temperatura no caso do dissipador de calor sem corte aos 40 segundos de intervalo de tempo, o que pode ser facilmente verificado a partir do gráfico de comparação que mostra 62,8 °C para o dissipador de calor sem corte e 50,2 °C para o dissipador de calor com um corte.

Após 80 segundos de intervalo de tempo, as leituras correspondentes aos termopares na posição 1 da CPU são 32,1 °C para o dissipador de calor sem corte e 31,5 °C para o dissipador de calor com um corte, respetivamente. As leituras correspondentes ao termopar na posição 2 da CPU após o mesmo intervalo de tempo de 80 segundos são 48,2°C para o dissipador de calor com corte e 41,5°C para o dissipador de calor com um corte, respetivamente. Na base do processador, o termopar lê 53,7°C para o dissipador de calor sem corte e para o dissipador de calor com um corte após 80 segundos de intervalo de tempo. O termopar empregue no dissipador de calor com corte mostra uma maior queda de temperatura em comparação com o dissipador de calor sem corte aos 80 segundos de intervalo de tempo, o que pode ser facilmente verificado a partir do gráfico de comparação que mostra 52,1 °C para o dissipador de calor sem corte e 41,8 °C para o dissipador de calor com um corte.

5.2 RESULTADOS COMPUTACIONAIS

Utilizando o Solidworks Cosmos, uma ferramenta comercial de CFD, é efectuada a análise do dissipador de calor. Neste estudo, o arrefecimento da CPU foi investigado num chassis de computador completo com diferentes dissipadores de calor e os desempenhos dos dissipadores de calor são comparados. Foi desenvolvido um roteiro para a simulação do chassis do computador. A resolução da malha, a escolha do modelo de turbulência, os critérios de convergência e os esquemas de discretização são investigados para encontrar o melhor modelo com o menor custo computacional. Este roteiro é então aplicado a diferentes geometrias de dissipador de calor e a comparação dos resultados da diferença de temperatura do dissipador de calor foi feita com os resultados experimentais disponíveis. Os métodos numéricos mostraram concordância com os dados experimentais. No entanto, a comparação foi qualitativa. Para fazer melhores comparações, as experiências devem ser realizadas num chassis de computador considerando o modelo completo. Neste estudo, uma vez que não é viável modelar os ventiladores e as resistências com a sua geometria exacta, são utilizados modelos de parâmetros fixos. Isto introduz sempre algum erro. Além disso, o ambiente fora do chassis do computador não é modelado, pelo que existe mais uma aproximação para a transferência de calor fora do chassis. É possível melhorar os projectos de dissipadores de calor através da CFD. O número de alhetas e a sua distribuição, o material das alhetas e a espessura da placa de base podem ser investigados e podem ser conseguidas melhorias térmicas, bem como poupanças de material. São necessárias execuções paramétricas sucessivas para poder avaliar os efeitos destes parâmetros de conceção.

5.2.1 Para entrada de calor de 100W

Os dados abaixo correspondem aos dados de entrada de calor de 100W. A Tabela 5.1 descreve as dimensões básicas da malha utilizada nas simulações. No total, são utilizadas 74516 células nas simulações. Os dados são obtidos após a realização da análise de sensibilidade da malha em relação ao tempo de simulação e à temperatura máxima atingida no dissipador de calor.

Number of cells in X	18
Number of cells in Y	34
Number of cells in Z	40

Tabela 5.1: Dimensões básicas da malha

Total cells	74516
Fluid cells	35446
Solid cells	3269
Partial cells	35801
Irregular cells	0
Trimmed cells	139

Tabela 5.2: Número de células

A Tabela 5.3 abaixo descreve os vários parâmetros considerados durante as simulações. O sinal negativo representa as direcções do fluxo. Aqui, nas simulações, a temperatura de 297 K é selecionada como a temperatura de entrada do ar no interior da CPU. Aqui é utilizado o alumínio industrial 6050 como material para o dissipador de calor. A densidade do material é selecionada como Densidade: 2688,9 kg/m^3.

A Tabela 5.3 mostra os resultados obtidos pelas simulações CFD.

Name	Minimum	Maximum
Pressure [Pa]	101325	101326
Temperature [K]	297.998	395.325
Density [kg/m^3]	0.893298	1.18433
Velocity [m/s]	0	1.40257
X-velocity [m/s]	-0.739479	0.737826
Y-velocity [m/s]	-0.756328	0.885237
Z-velocity [m/s]	-0.384085	1.40224
Mach Number [ ]	0	0.00401928
Heat Transfer Coefficient [W/m^2/K]	6.55535e-06	158.103
Shear Stress [Pa]	1.66845e-10	0.263605
Surface Heat Flux [W/m^2]	-334.881	4934.1
Air Mass Fraction [ ]	1	1
Air Volume Fraction [ ]	1	1
Fluid Temperature [K]	297.998	395.187
Solid Temperature [K]	326.726	395.325

Tabela 5.3: Tabela Mín/Máx

A figura 23 mostra o ambiente de simulação da CPU quando a entrada de calor de 100 W foi selecionada como entrada. O ponto importante a ter em conta é que, na simulação, à semelhança da condição experimental, a entrada de ar é selecionada na posição da ventoinha, como se mostra na figura, enquanto a saída é fixada nas condutas, como se mostra.

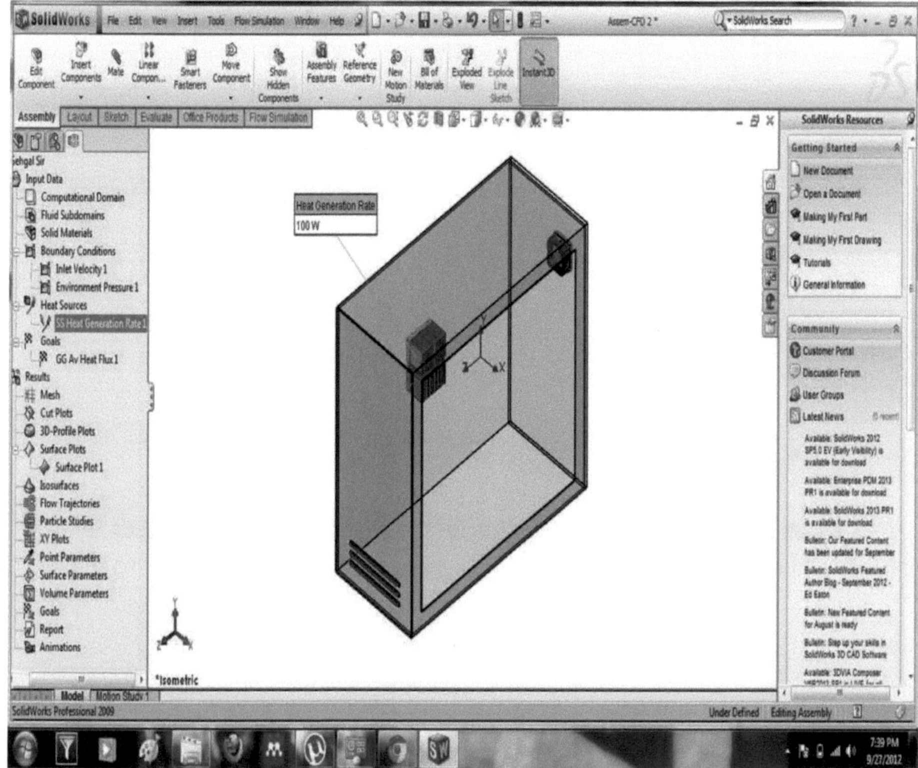

Figura 23 Simulação da CPU

A figura 23 mostra a simulação da CPU e os termopares do tipo J são fixados em vários pontos da configuração experimental, o que nos indica a temperatura em várias posições, como na entrada, ou seja, no ventilador e na posição de saída. Esta simulação é efectuada em trabalhos sólidos. A Figura 24 mostra os contornos do fluxo de calor e da temperatura para o dissipador de calor sólido, quando a entrada de calor é de 100 W. O contorno vermelho representa a temperatura máxima, enquanto o azul representa a temperatura mínima.

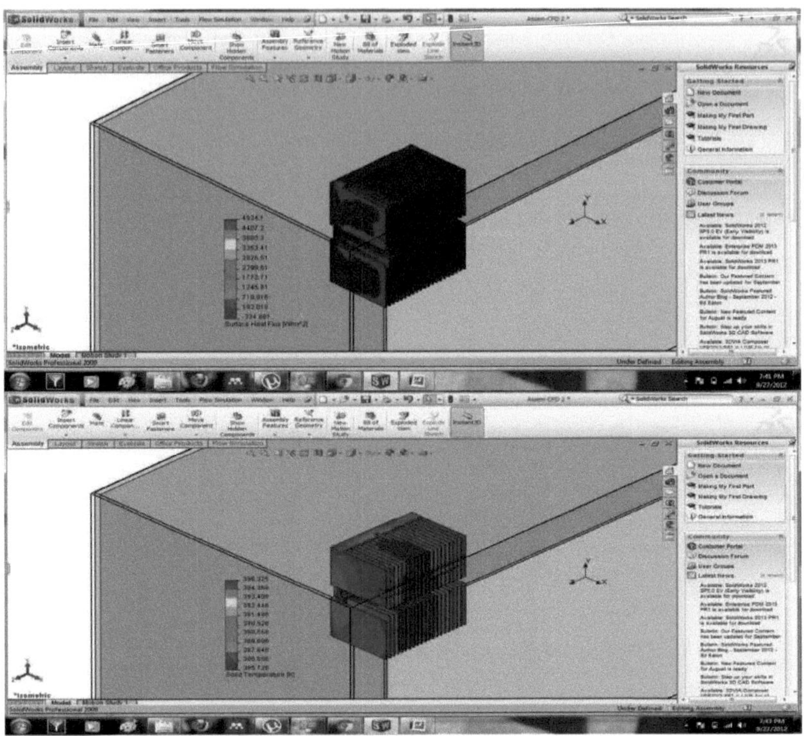

Figura 24 Fluxo de calor e contornos de temperatura para o dissipador de calor sólido, quando a entrada de calor é de 100W

Aqui estão representados dois contornos de temperatura, um para o dissipador de calor sólido, enquanto o segundo representa o fluido (ar) no caso presente. A temperatura sentida pelo ar é menor do que a do dissipador sólido devido à convecção de calor.

A Figura 25 mostra abaixo a distribuição de temperatura em várias posições do dissipador de calor de aletas de placa a 100W. A cor vermelha mostra a temperatura máxima e a temperatura máxima está distribuída nas placas centrais do dissipador de calor. A temperatura é registada experimentalmente com termopares do tipo J nas várias posições do dissipador de calor de alhetas de placa e obtém-se praticamente o mesmo resultado na simulação CFD.

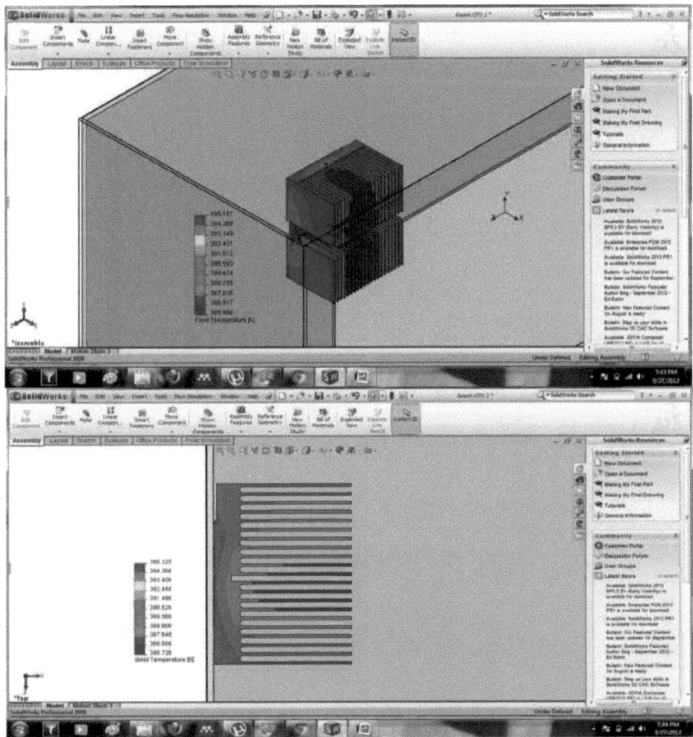

Figura 25 Fluxo de calor e contornos de temperatura para o dissipador de calor sólido, quando a entrada de calor é de 100W

A figura 26 mostra a vista lateral do dissipador de calor de aleta de placa a 100W. A cor vermelha mostra a distribuição máxima da temperatura a 371,125 K, a cor amarela mostra a distribuição da temperatura a 367,001 K e a cor verde mostra a distribuição da temperatura a 364,939 K e obtêm-se resultados quase semelhantes a nível experimental.

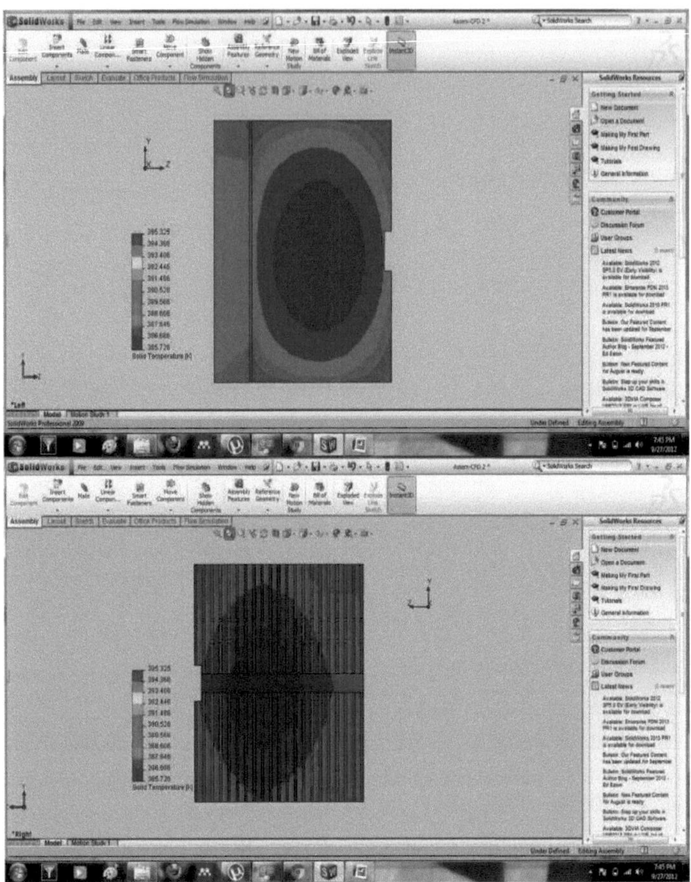

Figura 26 Fluxo de calor e contornos de temperatura para o dissipador de calor sólido, quando a entrada de calor é de 100W

A figura 26 mostra a vista inferior do dissipador de calor de aleta de placa a 100W. A cor vermelha mostra a distribuição máxima da temperatura a 371,125 K e a cor castanha mostra a distribuição da temperatura a 369,063 K e obtêm-se resultados quase semelhantes a nível experimental.

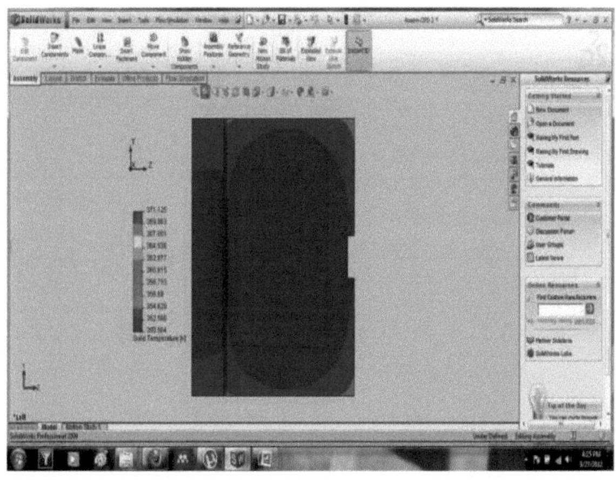

Figura 27 Fluxo de calor e contornos de temperatura para o dissipador de calor sólido, quando a entrada de calor é de 100W.

5.2.2. Para uma entrada de calor de 75 W

A Tabela 5.4 descreve as dimensões básicas da malha utilizada nas simulações para o dissipador de calor de 75W. Neste caso, são utilizadas nas simulações as mesmas 74516 células utilizadas para o dissipador de 100W, de modo a comparar a análise da transferência de calor. Os dados são obtidos após a realização da análise de sensibilidade da malha em relação ao tempo de simulação e à temperatura máxima atingida no dissipador de calor.

Number of cells in X	18
Number of cells in Y	34
Number of cells in Z	40

Tabela 5.4: Dimensões básicas da malha

Tabela 5.5 abaixo, o tipo de células utilizadas nas simulações CFD.

Total cells	74516
Fluid cells	35446
Solid cells	3269
Partial cells	35801
Irregular cells	0
Trimmed cells	139

Tabela 5.5: Número de células

A Tabela 5.5 mostra as células de fluido, células sólidas, células parciais, células irregulares e células aparadas utilizadas na simulação CFD. Os dados são obtidos após a realização da análise de sensibilidade da malha em relação ao tempo de simulação e à temperatura máxima atingida no dissipador de calor.

A Tabela 5.6 mostra os valores máximos e mínimos de várias propriedades mecânicas do dissipador de calor, do coeficiente de transferência de calor, da tensão de corte, do fluxo de calor superficial, da temperatura do sólido, da temperatura do fluido e da velocidade do ar nas direcções x, y e z obtidos em simulações CFD de dissipadores de calor.

A Tabela 5.6 abaixo descreve os vários parâmetros considerados durante as simulações. O sinal negativo representa as direcções do fluxo. Aqui, nas simulações, a temperatura de 297 K é selecionada como a temperatura de entrada do ar no interior da CPU. Aqui é utilizado o alumínio industrial 6050 como material para o dissipador de calor. A densidade do material é selecionada como Densidade: 2688,9 kg/m^3.

A Tabela 5.6 mostra os resultados obtidos pelas simulações CFD.

Name	Minimum	Maximum
Pressure [Pa]	101325	101326
Temperature [K]	297.999	346.808
Density [kg/m^3]	1.01803	1.18433
Velocity [m/s]	0	1.38522
X-velocity [m/s]	-0.732538	0.689203
Y-velocity [m/s]	-0.753725	0.874374
Z-velocity [m/s]	-0.375317	1.38491
Heat Transfer Coefficient [W/m^2/K]	1.24489e-05	158.355
Shear Stress [Pa]	1.80311e-10	0.24941
Surface Heat Flux [W/m^2]	-151.44	2478.3
Fluid Temperature [K]	297.999	346.738
Solid Temperature [K]	312.366	346.808

Tabela 5.6: Tabela Mín/Máx

Como se pode ver nas figuras seguintes, a temperatura do dissipador de calor é menor quando a entrada de calor é reduzida de 100W para 75W, nas mesmas condições de entrada e saída.

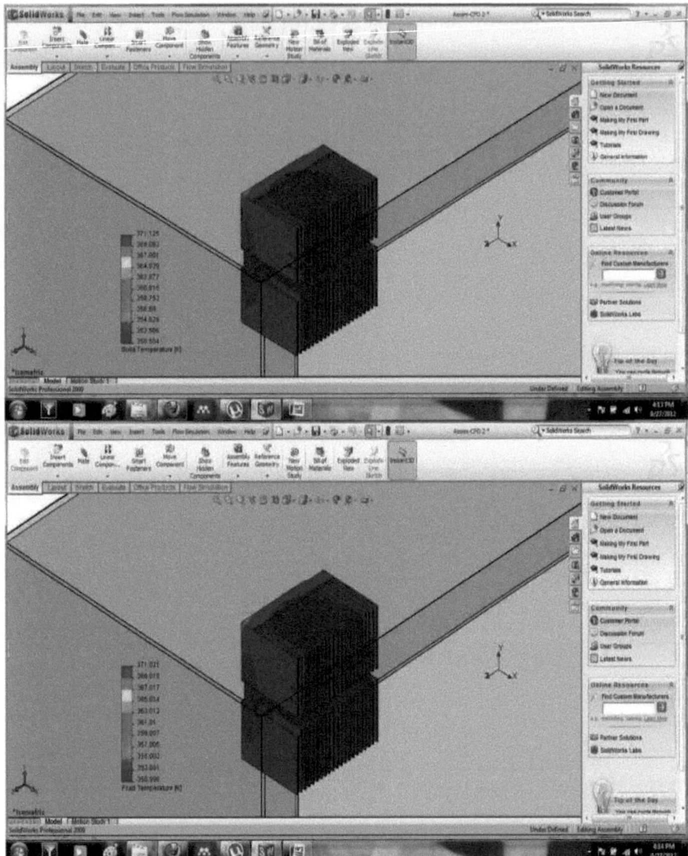

Figura 28 Fluxo de calor e contornos de temperatura para o dissipador de calor sólido, quando a entrada de calor é de 75W

O fluxo de calor superficial experimentado no calor é menor em comparação com 100W e os resultados quase semelhantes são obtidos experimentalmente.

A Figura 29 mostra o fluxo de calor superficial do dissipador de calor de placa com alhetas em dois pontos de vista diferentes. A distribuição máxima da temperatura ocorre a 369,063K, o que é indicado pela cor castanha e são obtidos resultados semelhantes a nível experimental.

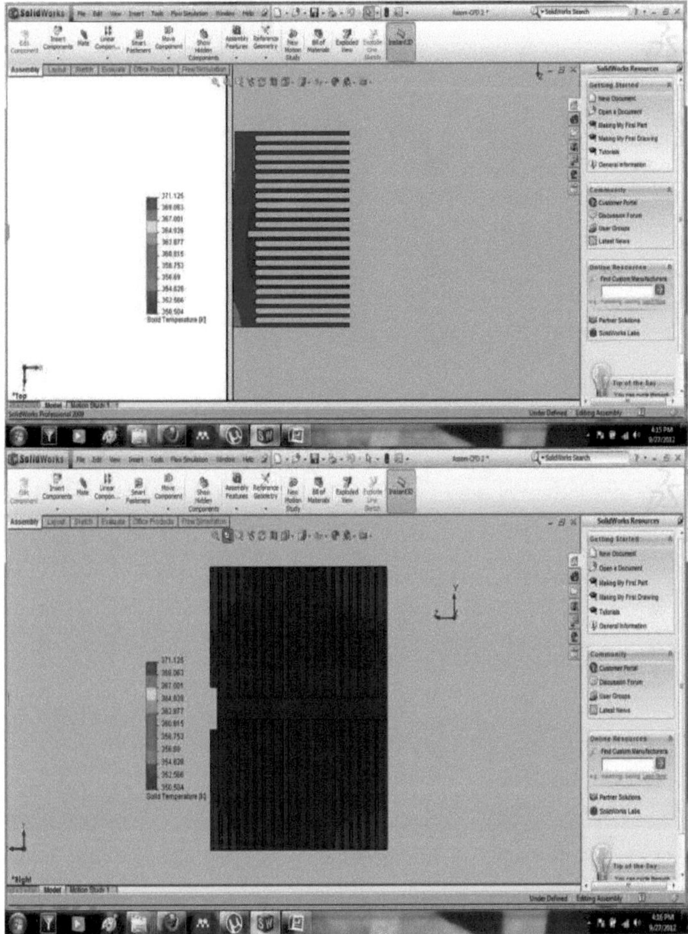

Figura 29 Fluxo de calor e contornos de temperatura para o dissipador de calor sólido, quando a entrada de calor é de 75W

A Figura 30 mostra abaixo a distribuição de temperatura em várias posições do dissipador de calor de aleta de placa a 75W. A cor castanha mostra a temperatura máxima a 369,063K e a temperatura máxima distribuída nas placas centrais do dissipador de calor. Os resultados obtidos com a simulação CFD são quase idênticos aos registados experimentalmente com termopares do tipo J nas várias posições do dissipador de calor de alhetas de placa.

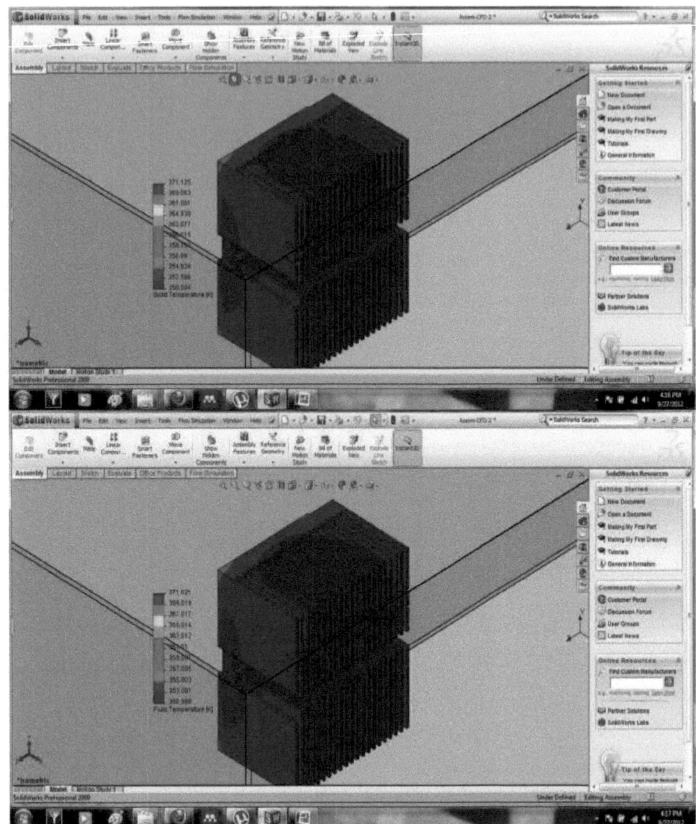

Figura 30 Fluxo de calor e contornos de temperatura para o dissipador de calor sólido, quando a entrada de calor é de 75W

A figura 31 mostra a vista inferior do dissipador de calor de aleta de placa a 75W. A cor castanha mostra a distribuição da temperatura a 369,063K, que é inferior a 100W, e os resultados obtidos experimentalmente são quase semelhantes.

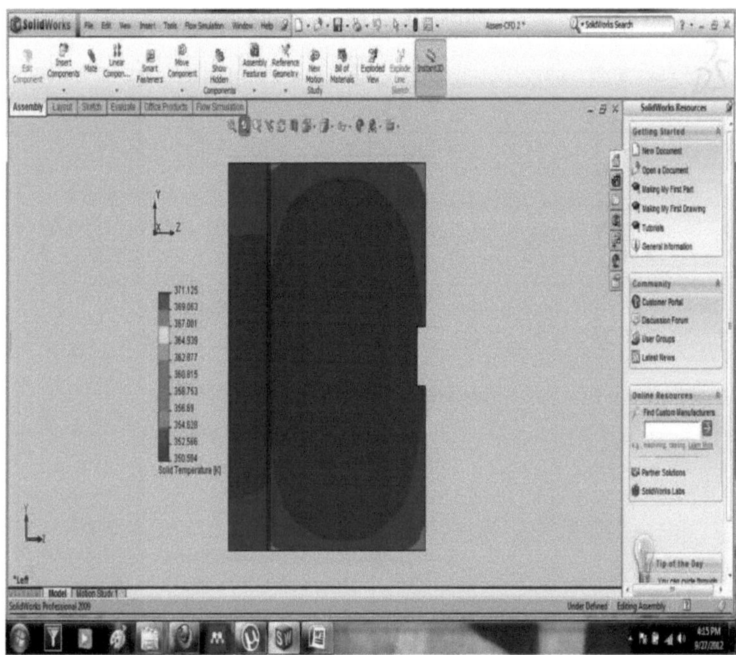

Figura 31 Fluxo de calor e contornos de temperatura para o dissipador de calor sólido, quando a entrada de calor é de 75W

5.2.3 Entrada de calor de 50 W

A Tabela 5.7 descreve as dimensões básicas da malha utilizada nas simulações para o dissipador de calor de 50W. Neste caso, são utilizadas nas simulações as mesmas 74516 células utilizadas para 100W e 75W, de modo a comparar a análise da transferência de calor. Os dados são obtidos após a realização da análise de sensibilidade da malha em relação ao tempo de simulação e à temperatura máxima atingida no dissipador de calor.

Tabela 5.7 mostra abaixo as dimensões básicas da malha utilizada nas simulações CFD.

Number of cells in X	18
Number of cells in Y	34
Number of cells in Z	40

Tabela 5.7: Dimensões básicas da malha

Tabela 5.8 abaixo, o tipo de células utilizadas nas simulações CFD.

Total cells	74516
Fluid cells	35446
Solid cells	3269
Partial cells	35801
Irregular cells	0
Trimmed cells	139

Tabela 5.8: Número de células

A Tabela 5.8 mostra as células de fluido, células sólidas, células parciais, células irregulares e células aparadas utilizadas na simulação CFD. Os dados são obtidos após a realização da análise de sensibilidade da malha em relação ao tempo de simulação e à temperatura máxima atingida no dissipador de calor. A Tabela 5.9 mostra os valores máximos e mínimos de várias propriedades mecânicas do dissipador de calor, coeficiente de transferência de calor, tensão de cisalhamento, fluxo de calor superficial, temperatura do sólido, temperatura do fluido e velocidade do ar nas direcções x, y e z obtidos em simulações CFD de dissipadores de calor.

Name	Minimum	Maximum
Pressure [Pa]	101325	101326
Temperature [K]	297.999	346.808
Density [kg/m^3]	1.01803	1.18433
Velocity [m/s]	0	1.38522
X-velocity [m/s]	-0.732538	0.689203
Y-velocity [m/s]	-0.753725	0.874374
Z-velocity [m/s]	-0.375317	1.38491
Heat Transfer Coefficient [W/m^2/K]	1.24489e-05	158.355
Shear Stress [Pa]	1.80311e-10	0.24941
Surface Heat Flux [W/m^2]	-151.44	2478.3
Fluid Temperature [K]	297.999	346.738
Solid Temperature [K]	312.366	346.808

Tabela 5.9 Tabela Mín/Máx

A figura 32 mostra o ambiente de simulação da CPU quando a entrada de calor de 50 W foi selecionada como entrada. O ponto importante a ter em conta é que, na simulação, à semelhança da condição experimental, a entrada de ar é selecionada na posição da ventoinha, como se mostra na figura, enquanto a saída é fixada nas condutas, como se mostra.

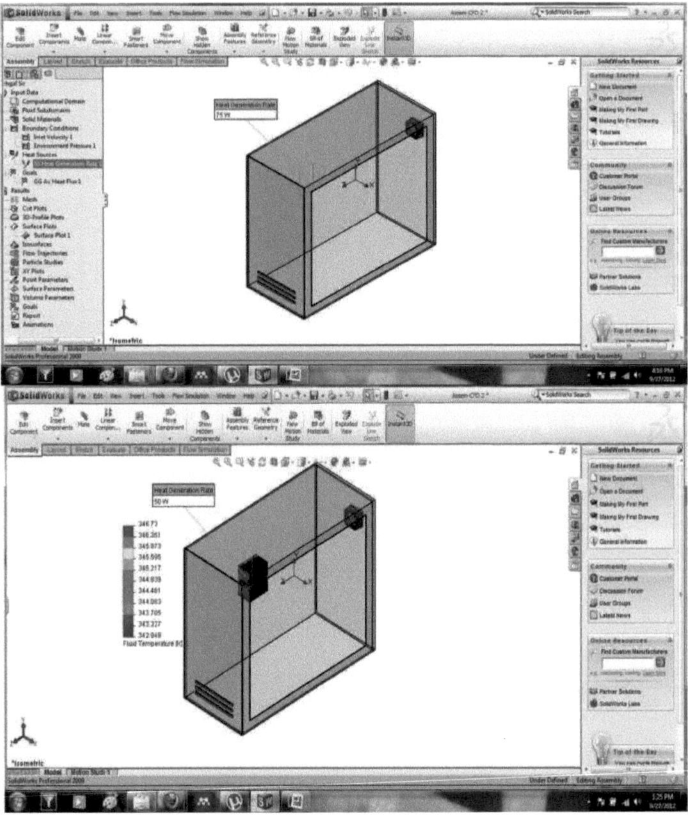

Figura 32 Fluxo de calor e contornos de temperatura para o dissipador de calor sólido, quando a entrada de calor é de 50W

A figura 33 mostra abaixo o fluxo de calor superficial do dissipador de calor de placa com alhetas a 50 W. A distribuição máxima da temperatura é de 369,063 K e foram obtidos resultados semelhantes a nível experimental. A temperatura máxima é descrita pela cor vermelha mostrada na figura 33.

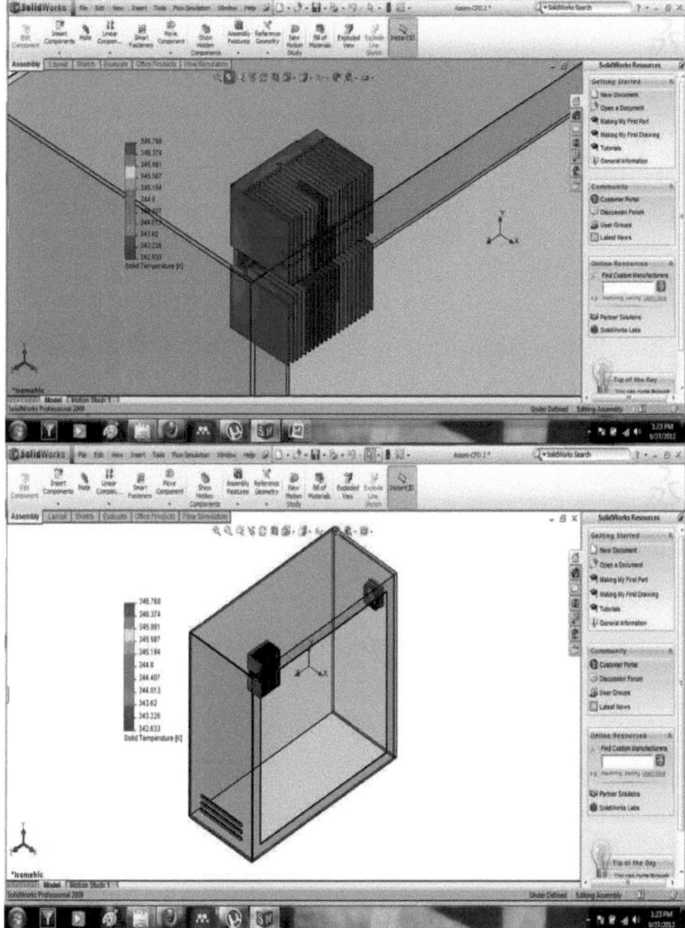

Figura 33 Fluxo de calor e contornos de temperatura para o dissipador de calor sólido, quando a entrada de calor é de 50W

A Figura 34 mostra as vistas laterais do dissipador de calor com alhetas de placa a 50W e, como se pode ver na figura, a distribuição da temperatura é menor em comparação com 100W e 75W. A distribuição da temperatura é indicada pela cor azul, que mostra a temperatura de 356,69°K e são obtidos resultados semelhantes a nível experimental.

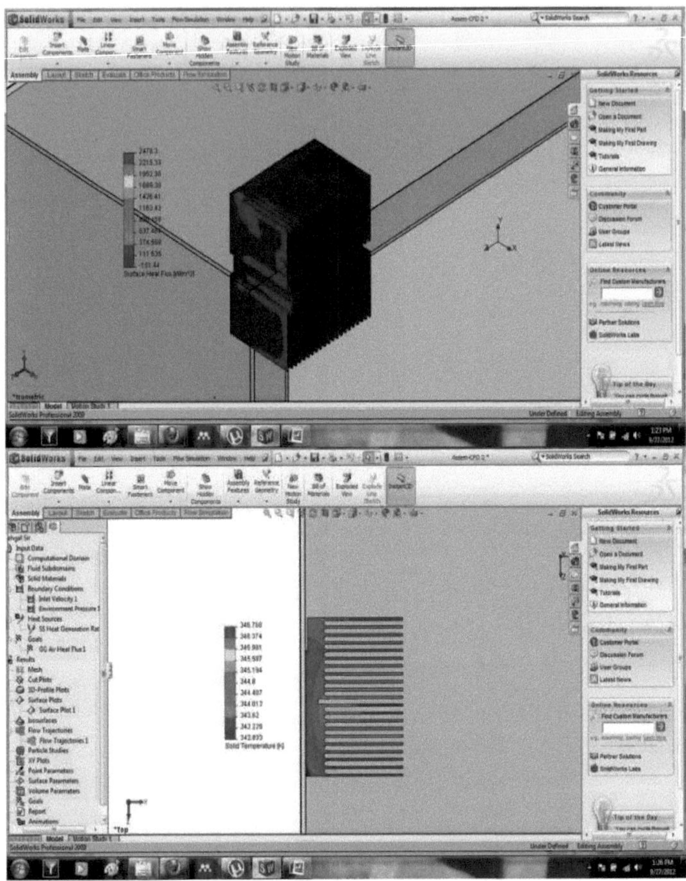

Figura 34 Fluxo de calor e contornos de temperatura para o dissipador de calor sólido, quando a entrada de calor é de 50W

A Figura 35 mostra abaixo a distribuição de temperatura em várias posições do dissipador de calor de aleta de placa a 50W. A cor castanha mostra a temperatura máxima a 369,063°K e a temperatura máxima distribuída nas placas centrais do dissipador de calor. Os resultados obtidos com a simulação CFD são quase idênticos aos registados experimentalmente com termopares do tipo J nas várias posições do dissipador de calor de alhetas de placa.

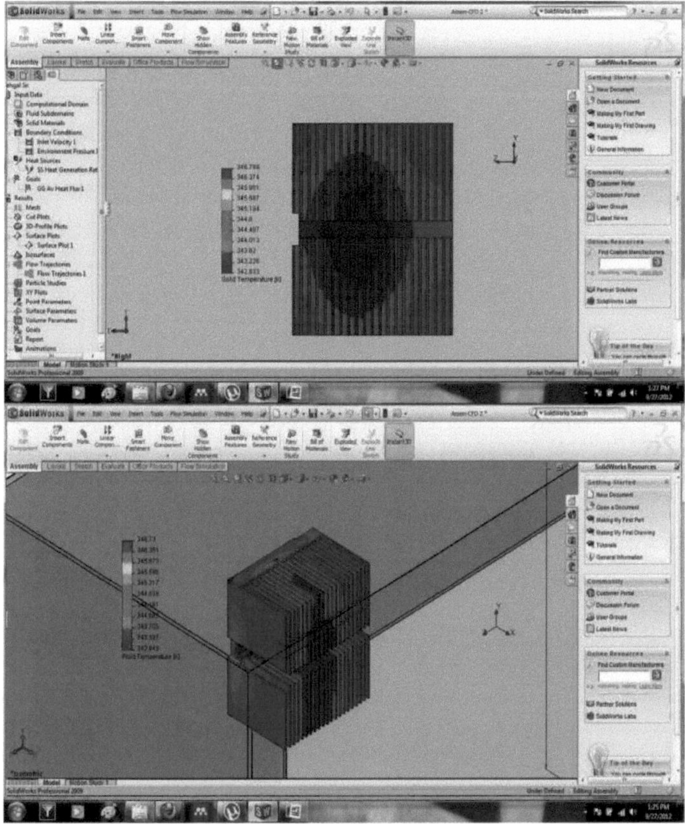

Figura 35 Fluxo de calor e contornos de temperatura para o dissipador de calor sólido, quando a entrada de calor é de 50W

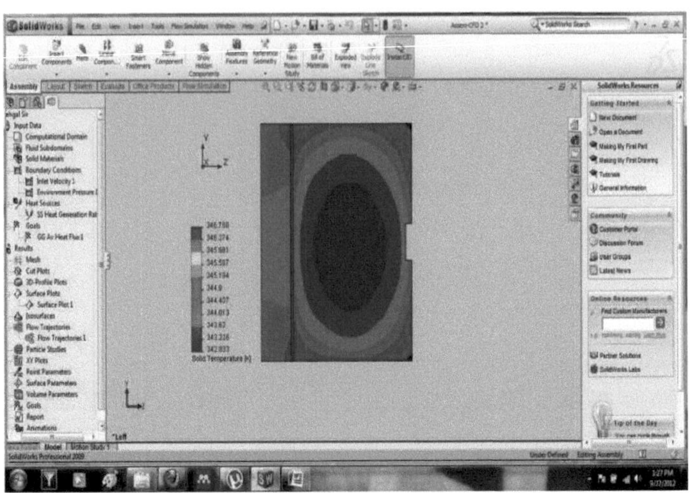

Figura 36 Fluxo de calor e contornos de temperatura para o dissipador de calor sólido, quando a entrada de calor é de 50W

Quando a espessura da placa de base é aumentada, o dissipador de calor tem um melhor desempenho, mas há limitações de espaço para cada dissipador de calor num computador. Por conseguinte, a altura total do dissipador de calor deve ser considerada juntamente com as limitações de espaço ao aumentar a altura do dissipador de calor. A conceção de um dissipador de calor mais estreito para diminuir a resistência à condução no plano não é uma solução, uma vez que pode acomodar menos alhetas, o que diminui a área total de transferência de calor. Finalmente, verificou-se que mesmo geometrias muito complicadas podem ser modeladas para a solução da transferência de calor conjugada utilizando CFD e os resultados são aceitáveis desde que se preste atenção à densidade e qualidade da malha, às condições de fronteira, à qualidade da convergência, aos modelos físicos como a turbulência e aos esquemas de discretização. Devido a esta região, são possíveis mais cortes e várias combinações geométricas para os dissipadores de calor para uma melhor dissipação de calor.

5.3 BASE DE DADOS DE ENGENHARIA

5.3.1 Sólidos: Alumínio Trajetória: Sólidos pré-definidos\Metais

Densidade: 2688,9 kg/m^3, Calor específico

A Figura 37 mostra a relação entre a temperatura e o calor específico. O calor específico está a aumentar rapidamente, uma vez que há uma mudança acentuada no gráfico da temperatura 0K para 350K, após o que há uma mudança gradual do calor específico em relação à temperatura.

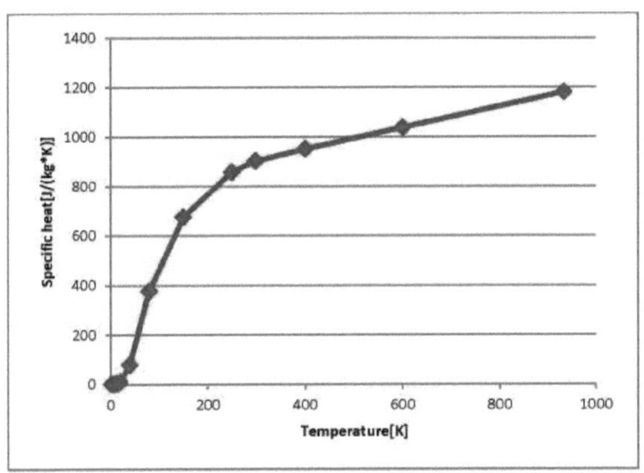

Figura 37: Tipo de condutividade: Isotrópico Condutividade térmica

A Figura 38 mostra abaixo a relação entre a condutividade térmica e a temperatura. Verifica-se uma descida rápida da condutividade térmica de 2350W/m° K para 230W/m° K quando há uma ligeira alteração da temperatura e, em seguida, a condutividade térmica é constante em relação à alteração da temperatura.

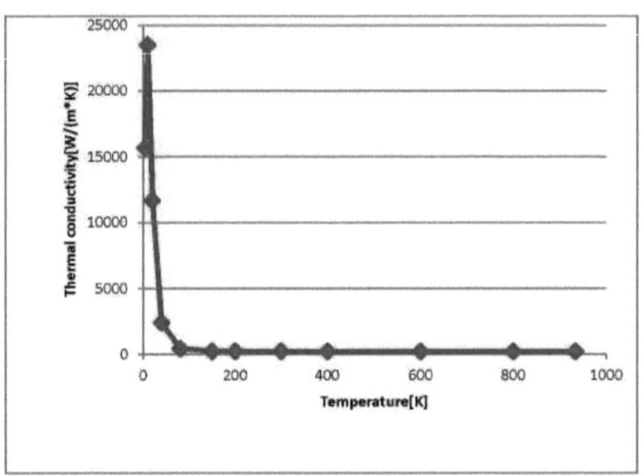

Figura 38: Condutividade eléctrica |Condutividade eléctrica |Condutividade eléctrica axial |Condutividade elétrica em X: Condutor

A Figura 39 mostra a relação entre a resistividade e a temperatura. Mostra a proporcionalidade direta aproximada entre a resistividade e a temperatura de 0 a 1000° K. Temperatura de fusão: 933,4 °K.

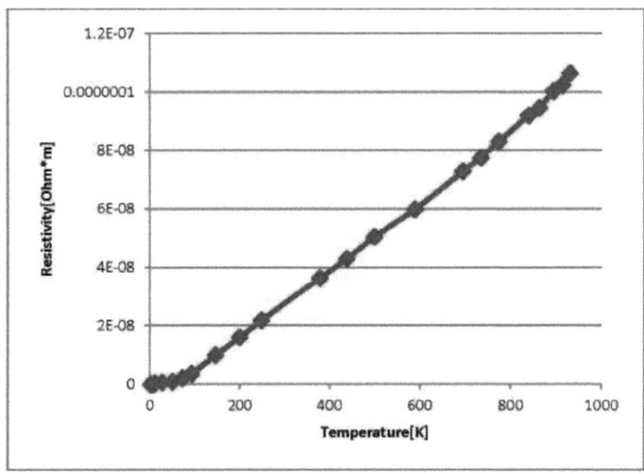

Figura 39: Resistividade em função da temperatura.

5.3.2 Gases: Ar

Trajetória: Gases pré-definidos, Rácio de calor específico (Cp/Cv): 1,399 , Massa molecular: 0,02896 kg/mol.

A Figura 40 abaixo mostra a relação entre a viscosidade dinâmica e a temperatura. medida que a temperatura aumenta, a viscosidade dinâmica do dissipador de calor aumenta.

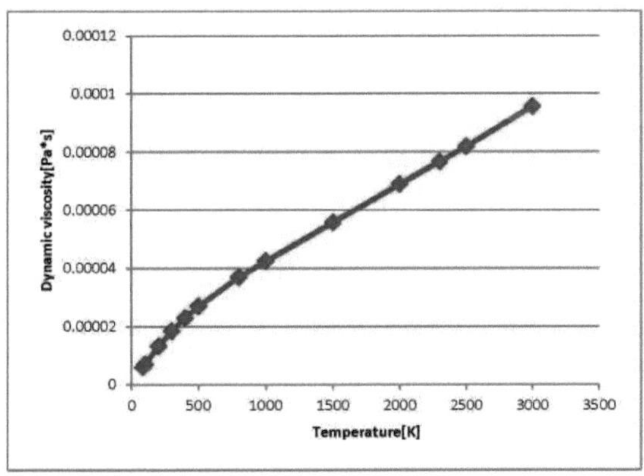

Figura 40: Viscosidade dinâmica versus temperatura

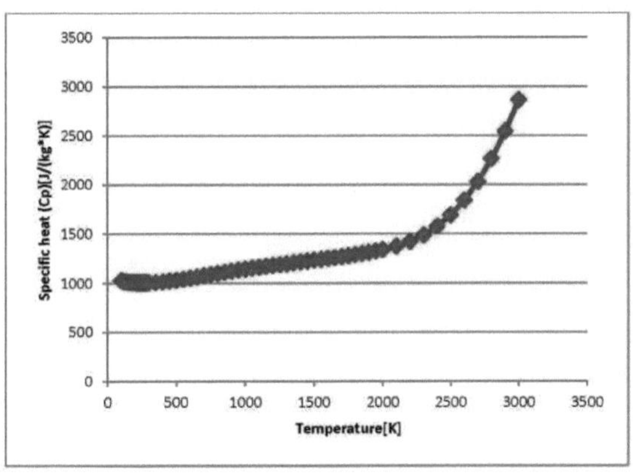

Figura 41: Calor específico versos temperatura

A Figura 41 abaixo mostra a relação entre o calor específico e a temperatura. Inicialmente, o gráfico mostra uma variação gradual até 2000° k e, em seguida, verifica-se um aumento rápido do calor específico à medida que a temperatura aumenta.

A Tabela 5.10 mostra a comparação dos resultados experimentais e computacionais.

	Parameters	**Observations**		
Study	Heat Input	50W	75W	100W
	Ambient Temperature[C]	25	25	25
	Air Flow(CFM)	45.5	44.5	44.5
Experimental Work	Temperature difference[C] Profile 1 with cut	12	17.2	18.22
	Temperature difference[C] Profile 2 without cut	9.7	10	15
CFD Simulations	Temperature difference[C] Profile 1 with cut	18	22	23
	Temperature difference[C] Profile 2 without cut	14	22	23
Experimental Work	Heat Transfer Coefficient [W/m^2/K] Profile 1 with cut	133.92	219.29	317.05
	Heat Transfer Coefficient [W/m^2/K] Profile 2 without cut	197.25	235.09	391.57

Tabela 5.10: Comparação dos resultados experimentais com CFD

CAPÍTULO 6
CONCLUSÃO E TRABALHO FUTURO

6.1 CONCLUSÃO

Foi efectuada uma análise experimental e computacional do escoamento do fluido e da transferência de calor para um dissipador de calor com dois perfis diferentes. Ao longo da experimentação foram tiradas as seguintes conclusões:

- Observou-se que a variação de temperatura foi maior para um dissipador de calor com corte (perfil 1) do que para um dissipador de calor sem corte (perfil 2), o que levou a uma maior transferência de calor.
- Observou-se que o coeficiente de transferência de calor era menor para um dissipador de calor com corte (perfil 1) em comparação com um dissipador de calor sem corte (perfil 2), levando a uma maior transferência de calor porque o coeficiente de transferência de calor é inversamente proporcional à diferença de temperatura.

Também foram observadas tendências semelhantes para várias entradas de calor de 50 W, 75 W e 100 W, o que leva a que as equações e metodologias de transferência de calor se apliquem bem a vários dissipadores de calor.

6.2 ÂMBITO FUTURO

O presente estudo trata da transferência de calor e da queda de pressão à entrada e à saída de um túnel de vento com um dissipador de calor colocado no seu interior. Este estudo tem os seguintes objectivos futuros:

- A presente configuração experimental pode ser alargada para o estudo de vários outros tipos de dissipadores de calor industriais. Todo o processo pode ser repetido para avaliar a variação do fator de atrito, a queda de temperatura através do dissipador de calor, o fator de ventilação e a queda de pressão.

- Toda a experimentação deve ser repetida para variar a distância entre as alhetas do dissipador de calor e os seus efeitos na queda de temperatura e na queda de pressão devem ser estudados.
- Os efeitos das dimensões na taxa de transferência de calor, ou seja, a largura e a profundidade, podem ser estudados utilizando diferentes dissipadores de calor com diferentes dimensões.
- O efeito de diferentes tipos de materiais do dissipador de calor na taxa de transferência de calor pode ser estudado.
- Os presentes trabalhos podem ser alargados para a análise computacional em estudos futuros.

REFERÊNCIAS

1. Dong-Kwon Kim, Sung Jin Kim, Jin-Kwon Bae.(2009) Comparison of thermal performances of plate-fin and pin-fin heat sinks subject to an impinging flow, International Journal of Heat and Mass Transfer vol.52, pp. 3510-3517.

2. Yoav Peles, Ali Kosar, Chandan Mishra, Chih-Jung Kuo, Brandon Schneider (2005) On the Forced convective heat transfer across a pin fin micro heat sink, International Journal of Heat and Mass Transfer vol.48, pp.3615-3627.

3. Arularasan R e Velraj R.(2008) CFD analysis in a heat sinks for cooling of electronic devices, International Journal of The Computer, the Internet and Management vol. 16, pp 111.

4. R.Mohanand Dr.P.Govindarajan (2010) Thermal Analysis of CPU with variable Heat Sink Base Plate Thickness using CFD, International Journal of the Computer, the Internet and Management, vol. 18, pp 27-36.

5. C.J.Kobus, T.Oshio.(2005) Development of a theoretical model for predicting the thermal performance characteristics of a vertical pin-fin array heat sink under combined forced and natural convection with impinging flow, International Journal of Heat and Mass Transfer vol. 48, pp 1053-1063.

6. Hou Fengze, Yang Daoguo, e Zhang Guoqi, Análise térmica do sistema de iluminação LED com diferentes dissipadores de calor, Journal of Semiconductors Vol. 32, pp

7. Kai-Shing Yang, Ching-Ming Chiang, Yur-Tsai Lin, Kuo-Hsiang Chien, Chi-Chuan Wang. (2007) Sobre as caraterísticas de transferência de calor dos dissipadores de calor: Influence of fin spacing at low Reynolds number region, International Journal of Heat and Mass Transfer vol. 50, pp 2667-

2674.

8. S.W. Chang, T.L. Yang, C.C. Huang, K.F. Chiang. (2008) Endwall heat transfer and pressure drop in retangular channels with attached and detached circular pin-fin array, International Journal of Heat and Mass Transfer vol. 51, pp 5247-5259.

9. Kenan Yakut, Nihal Alemdaroglu, Isak Kotcioglu, Cafer Celik (2006) Investigação experimental da resistência térmica de um dissipador de calor com alhetas hexagonais, Applied Thermal Engineering vol. 26, pp 2262-2271.

10. Tzer-Ming Jeng, Sheng-Chung Tzeng (2007) Pressure drop and heat transfer of square pin-fin arrays in-line and staggered arrangements, International Journal of Heat and Mass Transfer vol. 50, pp 2364-2375.

11. Yue-Tzu Yang, Huan-Sen Peng.(2009) Investigation of plated pin fin for heat transfer enhancement in plate fin heat sink, Microelectronics Reliability vol. 49, pp 163-169

12. Chougule N.K., Parishwad G.V., Gore P.R., Pagnis S., Sapali S.N.(2011) CFD Analysis of Multi-jet Air Impingement on Flat Plate, Proceedings of the World Congress on Engineering vol. 3, pp 1-5.

13. Karimpourian, Bijan. (2007) CFD modelling and experimental study on the fluid flow and heat transfer in copper heat sink design, Department of Public Technology, Malardalen University vol., pp

14. R.J.Yadav, A.S. Padalkar, CFD Analysis for Heat Transfer Enhancement inside a Circular Tube with Half length Upstream and Half length Downstream Twisted Tape, Flora Institute of Technology,Pune,India and MIT College of Engineering, Pune

15. Arularasan R. Velraj R., CFD.(2008) analysis in a heat sink for cooling of electronic devices,

International Journal of The Computer, the Internet and Management vol. 16, pp 1-11.

16. N.V.S. Shankar, Rahul Desala, VeerlaSrinivas Babu, P. Vamsi Krishna, M. M. Rao. (2012) flow simulation to study the effect of flow type on the performance of multi - material plate fin heat sinks, International Journal of Engineering Science and Advanced Technology, vol. 2, pp 233 - 240.

17. S. H. Barhatte , M. R. Chopade.(2012) Análise Experimental e Computacional e Otimização para Transferência de Calor através de Aletas com Entalhe Triangular, International Journal of Emerging Technology and Advanced Engineering, vol. 2, pp 483-487.

18. N. K. Chougule, G.V. Parishwad, C.M. Sewatkar (2010); Análise numérica do dissipador de calor Pin Fin com uma condição de impacto de jato de ar simples e múltiplo; International Journal of Engineering and Innovative Technology

19. Yue-Tzu Yang , Huan-Sen Peng.(2009) Numerical study of the heat sink with un-uniform fin width designs, International Journal of Heat and Mass Transfer, vol. 52, pp 3473-3480.

20. Sukhvinder Kang, Aavid Thermalloy (2003) Concord NH, the thermal resistance of pin fin heat sinks in transverse flow, International Electronic Packaging Technical Conference and Exhibition, Maui, Hawaii, USA, vol. 03, pp 1-8.

21. Paisarn Naphon, Osod Khonseur.(2009) Study on the convective heat transfer and pressure drop in the micro-channel heat sink, International Commu nications in Heat and Mass Transfer, vol. 36, pp 39 - 44.

22. Amar Al - Fathah Ahmad, Tese de Mestrado (2009) Simulação CFD da distribuição da temperatura e do padrão de transferência de calor no interior do forno de combustão C492,

Faculdade de Engenharia Química e de Recursos Naturais da Universiti Malaysia Pahang.

23. A Diani, S Mancin, C Zilio e L Rossetto, Experimental and numerical analyses of different extended surfaces,Dipartimento di Ingegneria Industriale, Universita di Padova, via Venezia 1, 35131, Padova, Itália.

24.. Seo Young Kim, Jae-Mo Koo e Andrey V. Kuznetsov. (2001) Effect of anisotropy in permeability and effective thermal conductivity of an Aluminium foam heat sink, Numerical Heat Transfer Part A-Applications vol. 40, pp 21-36.

25. Seo Young K im, Andrey V. Kuznetsov.(2003) Optimization of Pin-Fin heat sinks using anisotropic local thermal non-equilibrium porous model in a jet impinging channel, N umerical Heat Transfer Part A-Applications vol. 44, pp 771-787.

26. D.A. N ield, A.V. K uznetsov. (2004) Forced convection in a helical pipe filled with a saturated porous medium, International Journal of Heat and Mass Transfer vol. 47, pp 51755180.

27. Liping Cheng, Andrey V. Kuznetsov.(2005) Heat transfer in a laminar flow in a helical pipe filled with a fluid saturated porous medium, International Journal of Thermal Sciences vol. 44, pp 787-798

Printed by Books on Demand GmbH, Norderstedt / Germany